U0078893

活用私服質感穿搭

手持ちの服でなんとかなります

日本專業造型師
杉山律子——著

專家教你找出衣櫃裡的「**必備配角服**」，
掌握「**三色搭配法則**」，用基本款就能穿出時尚！

PROLOGUE

前言

「衣櫃裡的衣服明明就很多，卻沒有衣服穿。」
「總是穿那幾件衣服，大部分的衣服都在冬眠狀態。」
「以前很喜歡的衣服，突然覺得不適合自己了。」
「雖然也想要有時髦的打扮，卻沒有金錢和時間可花在衣服上。」

這本書，會讓這些選擇衣服的「困擾」通通消失。
衣櫃裡不再會有「不穿的衣服」，每天早上，不再因穿搭衣服而煩惱不已。
也就是說，你將會把衣櫃裡現有的衣服做最大限度的活用。
然後，「特地買回家卻派不上用場」的失敗購物經驗，再也不會發生。
如此一來，花在衣服的金錢和時間都比以往大幅減少，也更能享受時尚的樂趣，讓自己看起來更完美。這本書，我就是要詳細解釋這個方法。

雖然我的工作是一位造型師，常常為電影或廣告裡的人物搭配服裝，但在成為家庭主婦後，忙碌於家事和教養小孩的同時，也曾有一段「衣服好難搭配」、「穿搭亂七八糟」這種不知道自己在幹嘛的迷惘時期。

那是我人生中買最多衣服的時候。尤其在 Outlet 購物商場開幕後，因為可以用超便宜的價錢買到昂貴的商品，覺得「好划算！」、「好可愛！」而衝動亂買。

衣櫃明明就塞爆了，今天，卻沒衣服可穿……。

明明是特地買的高級品牌或名設計師的衣服，穿起來卻一點都不好看。

結果，買回家的衣服，幾乎全都是穿不上身的東西。

這樣的情況，不就等於把錢丟到水裡一樣嗎？

有一天，我突然清醒了。然後，回想起「服飾穿搭」的大原則。

穿搭要好看，漂亮的單品不是重點，而是要以穿搭整體的總印象來決定。

「什麼應該要跟什麼搭配呢？」

「這件衣服要怎麼穿才好看呢？」

就算衣服再怎麼多，不容易搭配的衣服，你就是不會想去穿它。

即使衣服再怎麼貴，如果搭配方式失敗的話，看起來就會很廉價。

因為穿搭失敗，讓一個人魅力消失，那真是一件非常可惜的事。

不過，沒關係。

只要知道搭配方法和穿搭技巧，就算是用衣櫃裡現有的衣服，任何人都可以輕鬆變美。

而且，完全不需要品味。

即使不追求流行或當季款式也沒關係。

建立好這個原則之後，包括我自己，幾乎不用買新衣服就能解決所有穿搭問題。現在我很少添購新衣服，也可以每天簡單搭配，反而更能享受有自我風格的時尚樂趣。

為了分享這個祕訣，我從2016年開始接下私人造型師的工作。工作內容是以一般人為對象，進行以不浪費錢為目的的「陪購服務」，並舉辦教授穿搭原則和搭配祕訣的講座，用現有衣服穿出個人魅力等等，協助大家從根本上的概念改變個人穿搭。

許多人因為我的建議而做了一點點的造型變化、只添購最小限度的衣服卻產生了戲劇性的改變，這些學員「變身前↓變身後」的樣子受到廣大好評，甚至在雜誌或電視上被製作成特集。

藉由穿搭，就能成為更完美的自己。

這件事，從星期一到星期日，每天都能簡單辦到。

在講座上，我訂下了這兩個目標。

儘可能用最少的單品，來打造不會失敗、讓穿搭樣式更多變的衣櫃。

各位讀者，你也可以輕鬆達成這個目標，相信不久的將來，你就會感受到「衣櫃再也不會塞爆了！」、「因為方法很簡單，所以很會穿搭」、「只是改變穿搭技巧而已，卻有人問我是不是瘦了？」這些神奇的改變。

「即使穿著平價服飾，看起來就很會打扮的人」和「穿著名牌服飾，總覺得看起來很奇怪的人」，這兩者之間，究竟有哪裡不同？其中的差異，其實只需要一點點的技巧。

即使是同一件衣服，藉由不同的穿法，就會展現出完全不同的表情；相反的，會給人

「好可惜」這種感覺的穿搭，常常也是因為這個人的穿搭很隨便。

穿搭總是「差一點點的人」，和穿搭「看起來不經意卻很時髦的人」，這兩者所下的工夫絕對不同，本書中會毫不藏私地全部告訴你。

為了讓讀者一看就懂，書中使用大量NG範例和OK範例的比較照片。

幾乎所有人對衣服都有個人癖好，包括我自己。

而且，我們常常都誤以為所謂「好的穿搭」，重點在於「單品本身」。

「看起來太樸素，加上一點顏色看看吧」、「把喜歡的幾件衣服搭配在一起看看吧」諸如此類的，自己覺得這樣穿起來一定會好看，其實往往是造成反效果。

其實只要一點點小訣竅，或是換一件單品，就能立刻改善原本糟糕的穿搭。

依然是同一件衣服、相同的自己，卻能讓身材看起來更好的高明穿搭，請務必將本書中所介紹的訣竅學起來。只要了解這些，每天選衣服都會變得很輕鬆、穿搭會變得很時尚，不管穿什麼都不會失敗。

透過本書，如果能讓你找到具有自我風格的穿搭技巧，那真是令人開心的事。

作者　杉山律子

CONTENTS

目錄

STYLE 1 用衣櫃裡的衣服，就能做出完美穿搭！

STYLE 2 每天早上不再為挑選衣服而心累

STYLE 3 成功的穿搭是看起來毫不費力，卻顯得很高級

STYLE

4

成熟大人要減少黑色，增加白色

STYLE 6 拒絕擁有「衣服很多，但沒有一件可穿」的衣櫃

STYLE 1

用衣櫃裡的衣服，
就能做出完美穿搭！

去年覺得很好看的衣服，今年卻怎麼看都不順眼

明明是到去年為止都還很喜歡的衣服，一旦很久沒穿，一穿上身就覺得怪怪的。看起來好像顯老、看起來變胖，或是看起來很俗氣……，我曾經聽過幾次像這樣的穿搭煩惱。

特別是疫情期間，持續了好一陣子遠距工作或窩在家的情況，試著把久違的外出服穿上之後，「咦？？？」衣服怎麼和自己不太搭……發生這種情況的人也不少，對吧？

為什麼去年還很喜歡而且常穿的衣服，今年卻變成給人「很抱歉」的印象呢？

這是因為衣服的流行期過了，就會給人這種感覺。

不同的單品，會有不同的流行保鮮期。只要不是追求潮流最尖端的商品，基本上一件衣服穿上1年、2年絕對不是問題，不會有「突然就過時了」的情況。

但是，有沒有可能，明年我就看起來明顯變老了？因為都窩在家所以變胖了？

或許這種情形也是有的，但是因年歲增長而產生的外貌改變，與其認真保養和減肥，更重要的是要喚醒「我要變時髦」的意識，平常稍微增加照鏡子的時間，就能挽回這些負面變化。

比起這些，會變得不合適的最大原因，還是在於「搭配方法」。還有，就是穿搭衣服的技巧。是活用衣服還是扼殺了衣服，端看你是否具備聰明的穿搭技巧。

特別是衣服，會因為一個人的「穿搭力」而變得完全不同。

搞不好，你的髮型或髮色，還是跟去年一模一樣吧？

光是髮型的不同，全身的平衡感可能就會不一樣。

你身上的衣服是否皺巴巴的呢？

因為經年累月積壓在衣櫃裡，布料上都是皺摺，就這樣直接穿上身的話，衣服的魅力或許也會減半唷。

在這一章，為了能善用衣櫃中現有的衣服，請試著用最小限度的努力，得到最大限度改變的穿搭小技巧吧。

創造出「好的皺摺」，你和衣服都會看起來更漂亮

請看左頁的照片。同樣的連身裙，雖然直接單穿也可以（右圖），但我試著用腰帶創造出皺摺、營造出動態感（左圖）。將袖子捲起來露出手腕，藉由蓬蓬的輪廓，增添更多表情。

把兩張圖放在一起比較就很清楚，製造出皺摺的穿法，看起來身材更好、更漂亮，不是嗎？

也請留意一下連身裙底下搭配的下半身單品。

如果這裡穿的是緊身內搭褲或褲襪，會是什麼感覺呢？

以我個人而言，因為我有O型腿，如果是緊身下半身單品，會完全暴露出我的腿型缺點，我實在沒有勇氣穿出門。

如果是選擇如左圖中的錐形褲，因為有一點點的空隙在，就能輕鬆掩飾腿型，甚至可

OK

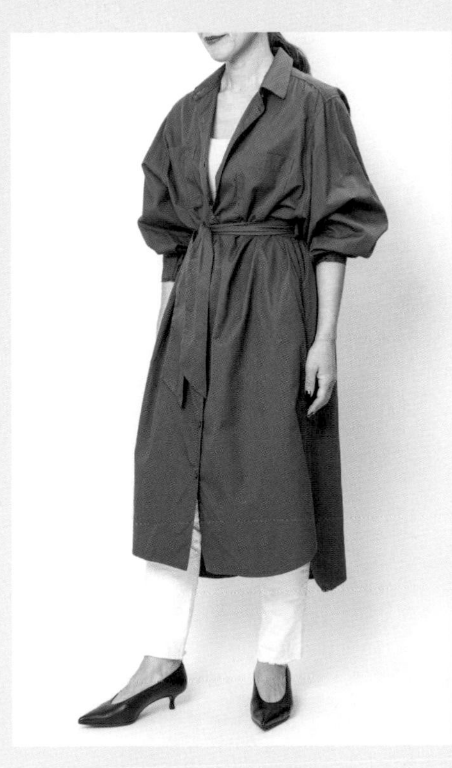

用腰帶做出腰線並捲起袖子，身材看起來變好！

藉由打造腰線的技巧，讓衣服產生表情。對腿型沒自信的人，推薦搭配有一點寬鬆的錐形褲。

NG

直接單穿，看起來平淡生硬又顯胖！

寬鬆的衣服就這樣直接單穿，沒有營造出對比感，身材看起來很差。衣服沒有表情的話，也是造成服飾本身看起來很廉價的原因。

以給人「腿好像很細？」的視覺效果。

比起貼緊緊的合身內搭褲，成熟女性更適合稍微有一點點「空間感」的尺寸。讓身體和衣服之間產生「空隙」，可以讓身體舒服地在衣服裡活動，這是非常重要的。

我把這個稱為「一點點鬆」。光是這個穿搭訣竅，就可以達到「瘦3公斤」或「減齡3歲」的視覺效果！

女人一到20歲後半，不管是身材再纖細的人，都會在意想不到的地方長出贅肉。盡量不被發現這個「肉肉感」，就是不顯老的祕訣，也是讓衣服穿起來好看的大前提。

衣服穿起來給人的感覺，雖然多少和衣服的材質有關係，但如果像上一頁的NG照片一樣單穿一件洋裝的話，結果就是看起來鬆垮垮的、明明不胖卻看起來很臃腫。

穿衣服的時候，不只要從前面審視，也要從後面仔細檢查一下。

特別要注意內衣或小可愛等附有罩杯的細肩帶上衣是否外露、臀部明顯的內褲線條等等，成熟女性特有的「肉肉感」幾乎都從背面顯露出來。請不要讓內衣褲的線條對你的形象造成影響。

不只是用鏡子檢查，試著稍微動一動，一邊用影片自拍看看，就可以更客觀地判斷。

我自己會前後擺動身體，或是蹲下來動一動，檢查是否有「肉肉感」，這麼做就會發現靜止不動時很難注意到的肉肉感。

大部分人都沒有像模特兒那樣的絕妙好身材，因此配合自己的體型來「完美穿搭」衣服，是每個女人絕不可少的小心機。

假使用手邊現有的衣服會穿出「肉肉感」，或是穿起來束緊緊的衣服，千萬不要直接穿，請巧妙地「遮」一下吧。如果是上衣，就用長版開襟外套罩一下；如果是下半身，建議搭配罩衫或長靴。

順帶一提，最近很常見到一種羅紋針織褲，這是一種很難選尺寸的單品。布料只要稍稍接觸到肌膚，就會產生肉肉感。如果是這種材質的褲子，即使確實做到「一點點鬆」的程度也沒辦法穿得好看。像這樣的單品，反而要打造出給人「會不會鬆垮垮的？」這樣的感覺，才是最剛好的。

基本上，衣服不是直接穿上去就會好看

雖然看起來是簡單的普通衣服，整體上卻瀰漫著一種迷人的光彩。

「她看起來好美！」，讓人感覺由內而外散發出自然的魅力，一出場就有不容忽視的存在感。在你的生活周遭，是否有這樣的人呢？

這個人，懂得衣服完美穿搭的技巧。

所謂時髦，比起擁有的衣服數量、比起品牌或價格，終究還是要懂穿搭才配得上這兩個字。比起衣物本身、顏值或身材的差異，穿搭的優劣才更能決定一個人給人的印象。

那麼，所謂的「穿搭力」到底是什麼呢？

簡單來說，就是**依照衣服穿法的不同，可產生出動態，或是添加表情**。

試著看看社群網站或品牌網站上的照片，你有沒有注意到，那些模特兒從來不會把衣服直接死板地穿上身，做出立正站直的姿勢，對吧？

他們會把袖子捲得皺皺的、用領子玩造型，將釦子打開或扣起來。藉由這些細小的變化，讓衣服產生動態。依據模特兒的姿勢，也會讓衣服產生表情。而且，看起來並不矯揉造作，而是「本來就是這樣」的自然感。

這就是「穿搭力」。雖然是極為細微的重點，但是有下這個工夫和沒下這個工夫，衣服的表情就會完全不同。我們造型師的工作，就是在拍攝現場做這件事。

如果覺得「咦?這件衣服好像不適合我？」，也不要就此放棄，請試著找出讓衣服適合自己的穿法。從下一頁開始，我會逐步教大家這些訣竅。

皺摺的程度或是最佳位置等等，可能會依據每一件單品，或是因為不同的身型、當下的潮流而有所不同。看著鏡子，偶爾試著拍照記錄看看，一邊讓自己和衣服面對面，一邊試著尋找答案。判斷基準是「自己看起來漂亮嗎？」、「身材看起來好嗎？」。試著比較過後，一定會有「啊，就是這個！」得到正確答案的瞬間。在還沒習慣之前，或許會花很長的時間去尋找適合自己的穿扮，但是因為「做」與「不做」會有很大的差異，所以請儘可能不斷地嘗試看看。

把衣服塞進褲子裡的祕訣

「上半身和下半身的平衡感很差」
「身材看起來很不好」的時候，試試看把上衣塞進下半身吧！
這個看似簡單的穿衣技巧，其實隱藏著許多專家才知道的祕訣，
只要善加活用，身材比例看起來會更好。

用基本的上衣長度
來挑戰

1

不是正中間，
取偏左或右的某一邊衣角

在塞進下半身的時候，總是容易拿上衣正中央的布料，但事實上，塞左邊或右邊的某一邊、稍稍偏一點的位置才是正確的。

2

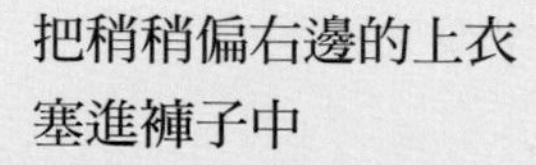
把稍稍偏右邊的上衣
塞進褲子中

在**1**取偏右邊的衣角後，把上衣塞進同樣在下半身偏右的位置。

3

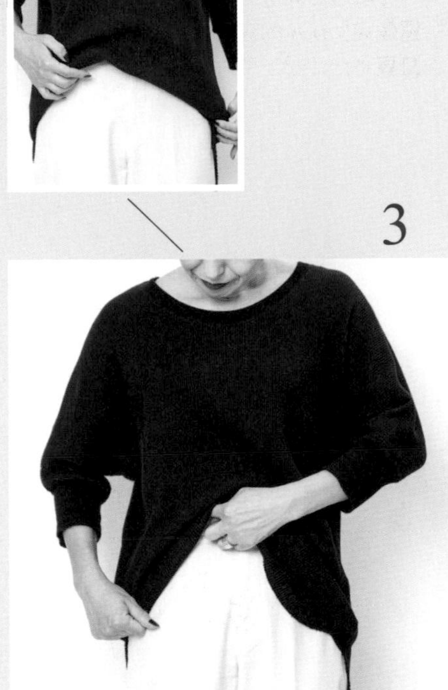

一邊壓著下半身，
一邊調整上衣

避免塞進去的上衣跑出來，一邊用手壓著下半身，一邊把上衣蓋住下半身。

4

NG

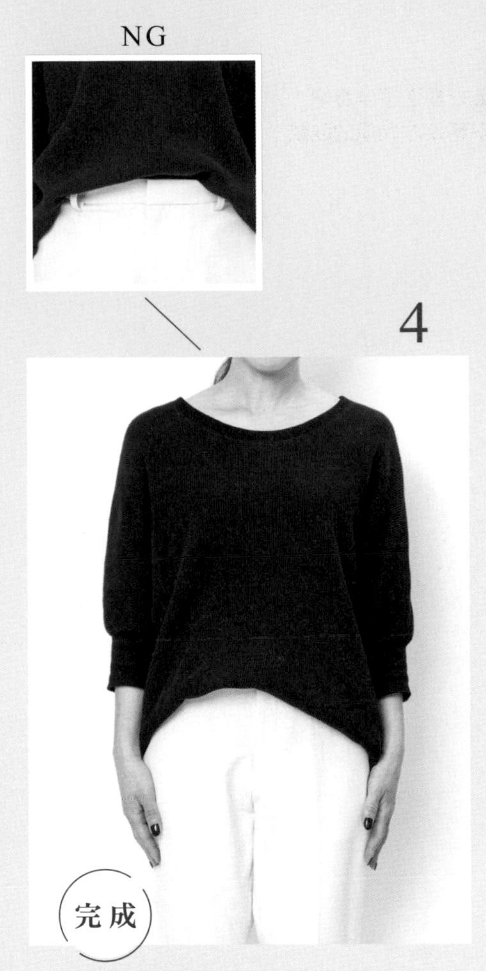

完成

調整到能夠完美隱藏腰頭或
褲耳的程度

調整到看不見腰頭或褲耳的程度就完成了。注意，NG照片就是沒有藏好腰頭或褲耳的錯誤範例。

把上衣塞進褲子裡，稍微偏側邊顯得更自然

把上衣塞進下半身，不只會讓衣服產生動態感，還有其他優點。

其實，讓身材比例看起來好的關鍵，就在於下半身的長度，**如果上衣和下半身的比例是「一比二」**，腿看起來會很長，全身看起來也會顯得苗條。

只要將上衣塞進下半身，肚子的部位會呈現「倒V字型」的形狀，用現有的襯衫或針織衫就能輕鬆做出這個比例，還有遮蓋粗大腰圍的效果。但是，有些人把上衣塞進淺色的下半身時，反而會覺得小腹變明顯了。對於在意小腹的人，推薦用「白色上衣＋黑色下半身」的組合。但是請注意，**「倒V字型」的尖端如果在腰部的正中央，就會給人「過於刻意」的感覺**。請試著把尖端稍稍往側邊挪一點看看，如此特意強調出不對稱的斜線也是一種技巧，如此一來可增加隨性感，營造出自然不做作的形象。

偏側邊

頂端如果略偏左或略偏右，衣服的表情也會產生變化

即使穿著同一件衣服，只要大膽地把塞進下半身的位置偏到側邊，就能創造出隨性感。因為視覺上形成斜向，所以顯瘦效果也不錯。

正中央

調整上衣，讓「倒V字型」的形狀產生動態感

上衣塞進下半身時，如果「倒V字型」的尖端位在正中央，這是初學者的做法。為了避免腰部出現完美的△，要像照片一樣，讓「倒V字型」的線條產生動態感。

塞進下半身NG的上衣

NG

雖然塞進下半身很方便，
但是也有不適合紮進下半身的上衣。
你的側面輪廓是否害你變成「醜女」了呢？
快來確認看看吧！

側面的線條很糟糕，給人服裝不整的印象

下擺還看得到一點點開衩，側面線條很不自然。如果將前側全部塞進去，看起來就會像上圖的NG照片一樣奇怪。

側邊開衩是直線型設計的上衣，不適合塞進下半身

像上圖一樣的上衣，開衩是直線型的設計，這種上衣不適用上一頁的技巧，而是要「全部紮進」下半身，或是「全部拉出來」才是正確的。

塞進下半身OK的上衣

適合塞進下半身的上衣
推薦側邊開衩有大弧度彎曲的設計，
或是側邊沒有開衩的衣服。

塞進去之後，側面的線條會自然連結起來

開衩很深的上衣，請試著調整成和照片一樣的自然斜向線條吧！

就算有開衩，如果是有弧度的款式就沒問題

一樣是有開衩的款式的上衣，如果是像上圖一樣的深開衩設計、線條弧度又大的話，就適合局部塞進去。

襯衫袖子這樣捲才好看

只是為了方便做事而捲起袖子，
和為了讓衣服穿起來更好看而捲起袖子，
這兩者之間有一點點不同。

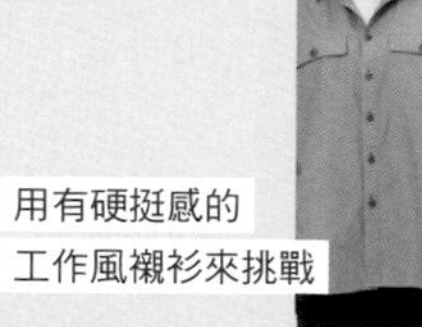

用有硬挺感的
工作風襯衫來挑戰

1

袖口以外的釦子要扣起來

袖子上如果有好幾個釦子，除了袖口以外的釦子，全部要先扣好。

2

大大地折起來

折的位置要在手腕和手肘中間左右的地方，先粗略地大大折一次。

3

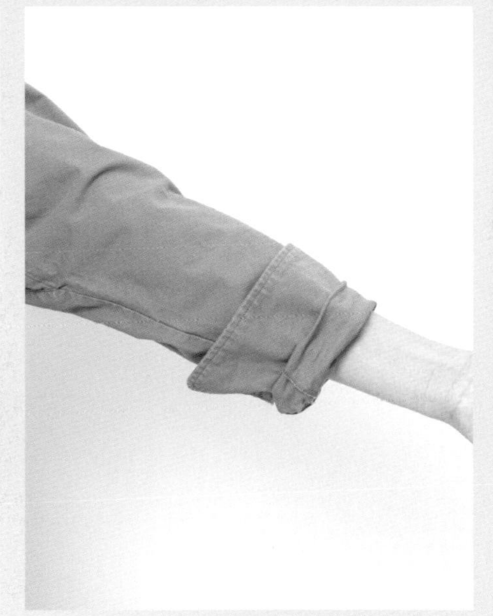

再小小地折兩次

再小小地折兩次，讓袖口的部分剩下2～3公分。這時，不要折得太過整齊，重點是要像上圖一樣保留一點隨性感。

4

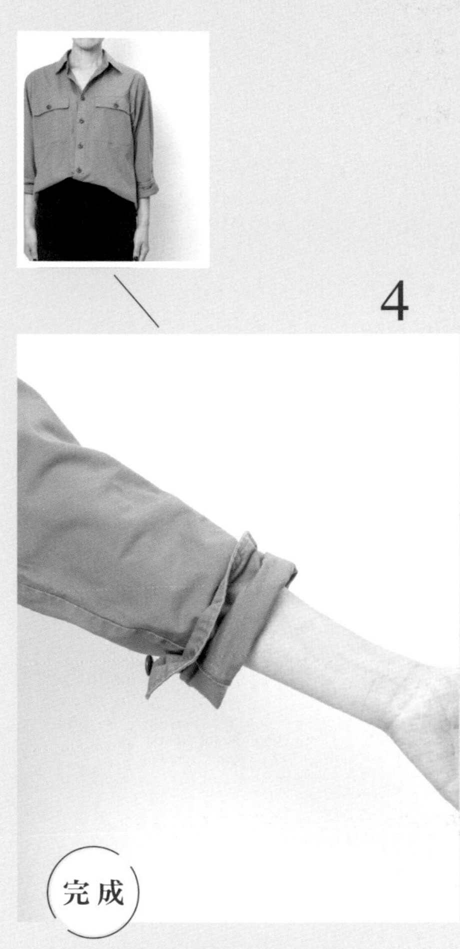

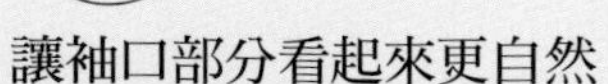

讓袖口部分看起來更自然

折好之後，可以把袖口的部分稍微弄得皺皺的。這麼做能營造出隨性感，衣服會產生好的表情。

柔軟布料的袖子
這樣捲才好看

如果是有硬挺感的布料，
用上一頁的方法就能捲起來，
但材質較柔軟的襯衫，
要使用髮圈來幫忙。

用質料輕軟＆有垂墜感
的襯衫來挑戰

1

使用和襯衫同色的髮圈

為了讓大家容易理解，所以在白襯衫上用了黑色髮圈，但實際操作時，建議使用和上衣同色的髮圈。

2

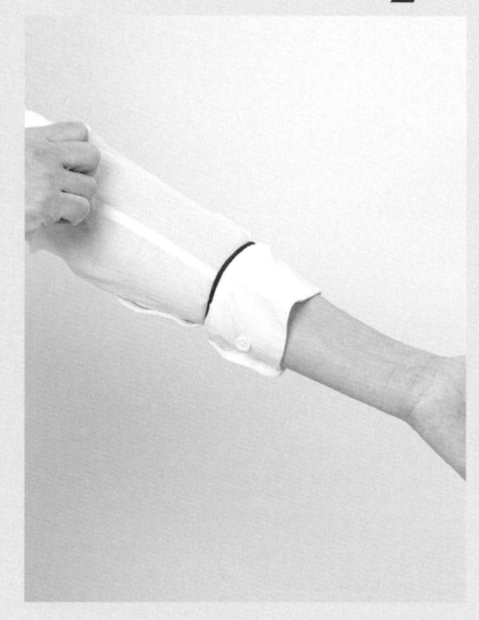

把袖口的位置拉到手肘和手腕的中間

將髮圈往上拉到接近手肘下方的位置。如果手會痛的話，請更換鬆一點的髮圈。

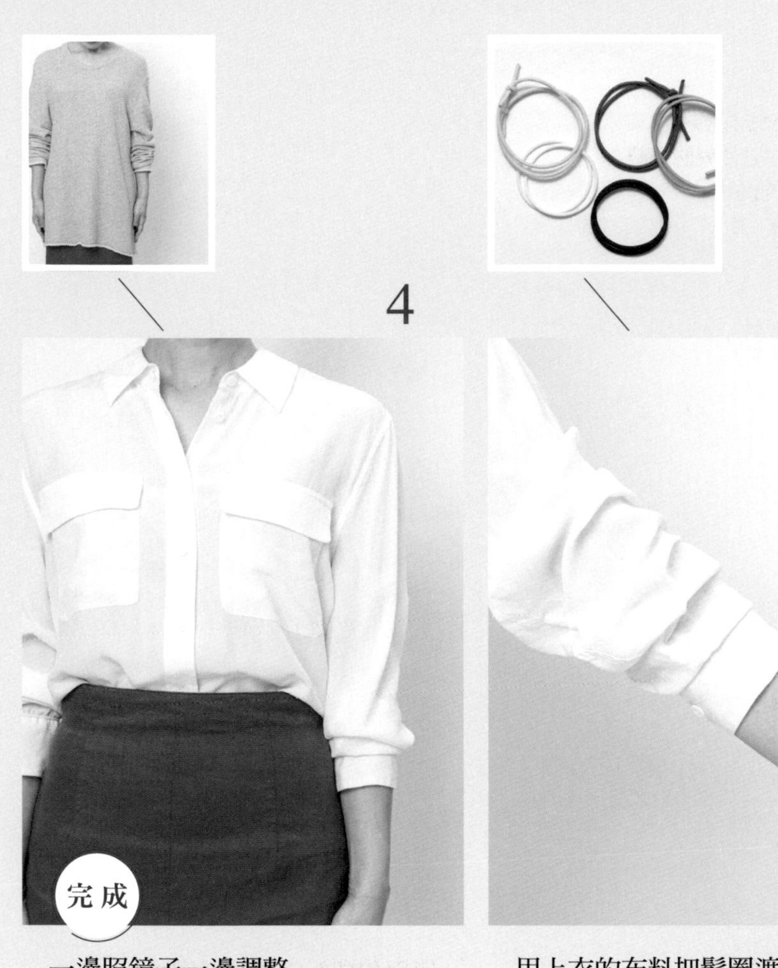

一邊照鏡子一邊調整

調整上衣的布料，避免髮圈露出來。這個捲袖子的方法，也建議使用在如上方小圖一樣的汗衫或是針織衫。

用上衣的布料把髮圈遮起來

為了不讓髮圈露出來，用上衣的布料蓋住髮圈。可以事先準備好適合自己的手臂大小的各色髮圈，如上方小圖所示。

T 恤袖子這樣捲才時尚

一樣是穿T恤，把袖口捲起來會比直接穿上更有型，
學會這個小技巧，還能讓手臂看起來更纖細，
產生讓身材變好的視覺效果。

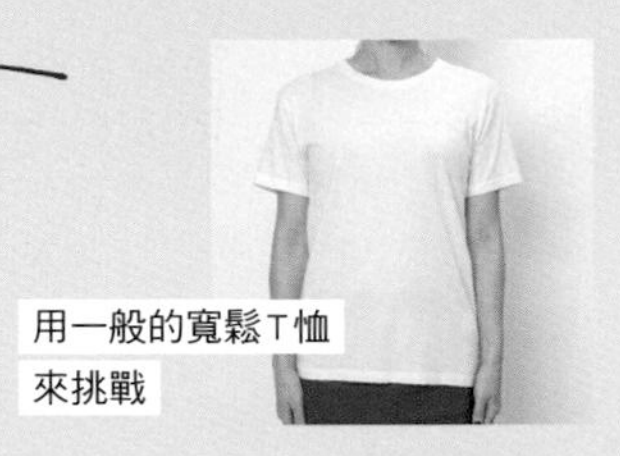

用一般的寬鬆T恤
來挑戰

1

反折的部分大約是 2～3 公分

大約如上圖一樣的角度，弄成斜向的線條一般，把袖口折起來一次（根據T恤的大小，角度會有些微不同）。

2

用相同的寬度再折一次

和1一樣的寬度再折一次。這時，為了避免反折的部分鬆動，請確實地緊緊折好。

側面

調整成「倒 V 字型」

請讓捲起來的部分從側面看起來呈現「倒V字型」。注意，如果捲起袖子後，手臂和T恤之間的空隙會消失，這樣的T恤請避免捲袖子。

正面

藉由弄成斜向的線條，讓手臂看起來更纖細

利用捲袖口的角度而產生了斜向的線條，即使從正面看也給人簡潔清爽的印象。

穿出腿長感的
捲褲管訣竅

捲起太長、太寬的褲管，
大家多多少少都有做過吧？
這個動作看似簡單其實大有學問，
讓造型師告訴你這個小技巧！

用窄管的直筒牛仔褲（女友褲）來挑戰

1

以 3～4 公分的寬度反折

捲褲管的時候不要折得緊緊的，重點是要隨性地折起來，感覺好像要把空氣折進去一樣。

2

用 2～3 公分的寬度再反折一次

像是要把**1**反折的一部分捲進去一般，用小一點的寬度反折。不需要折得整整齊齊，折痕要弄得自然一點。

OK

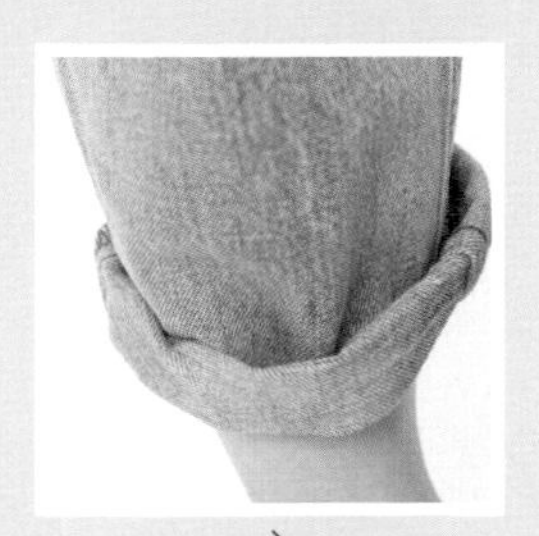

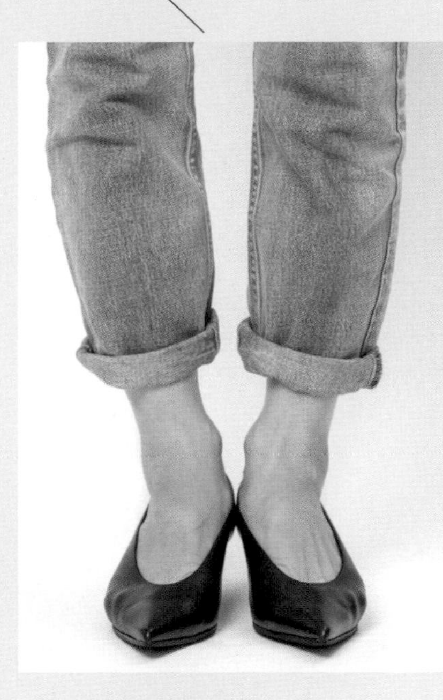

把捲起來的地方弄成凹凹凸凸的

製造出像是含有空氣感的空隙，讓衣服產生表情。雖然是很細微的差異，但只要注意到這個小細節，整體印象就變得大不相同。

NG

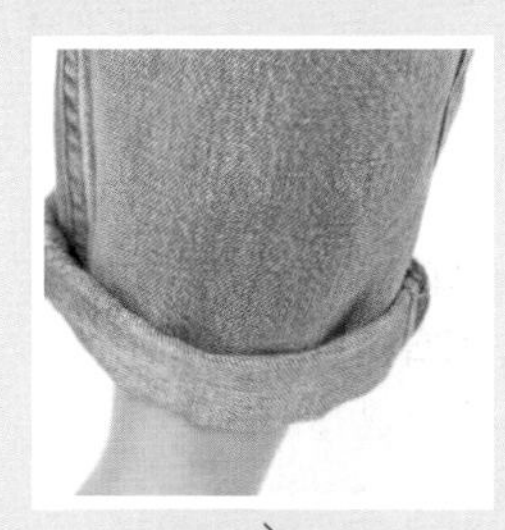

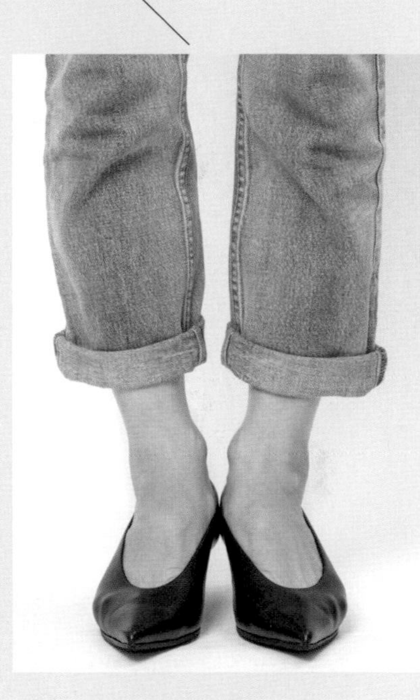

如果折得工整緊密，會顯得太過呆板

比較一下上方的OK／NG小圖，NG圖的褲管因為折得太過工整而沒有休閒感，會給人有點俗氣的印象。

立起襯衫領子的專業教學

襯衫是非常需要穿搭力的單品。
尤其是白襯衫，如果就這樣直接穿上，看起來會很土。
有些人會將領子立起來嘗試做些變化，
但沒處理好看起來會更奇怪。

用基本的白襯衫
來挑戰

1

襯衫釦子解開到第 2 顆

為了讓領子周圍產生表情，至少要先解開兩顆釦子。

2

把領子立起來

如上圖，請先把整個領子全部拉起來吧。建議用領子後面反折的部分約3.5公分寬的襯衫來做立領技巧的練習。

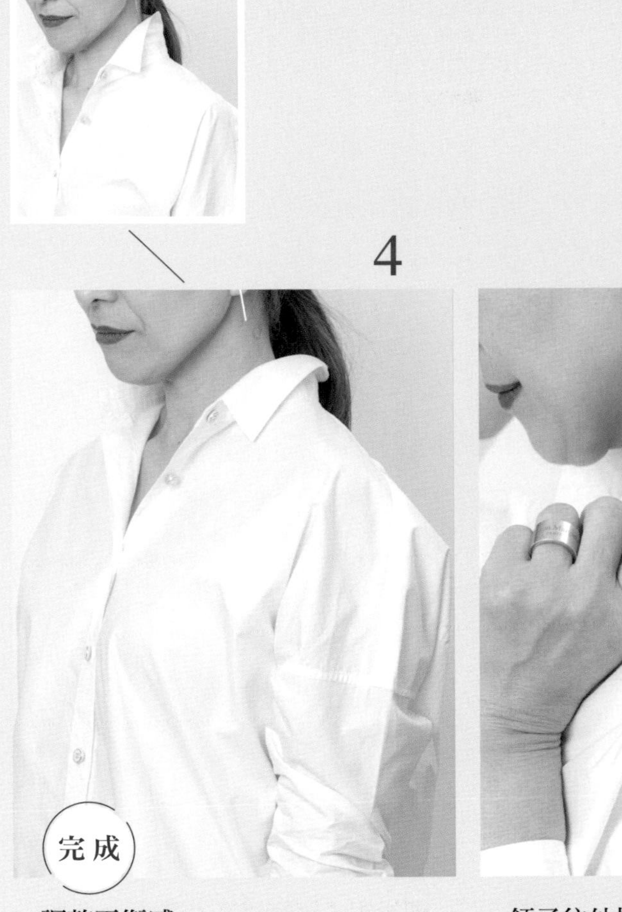

3

領子往外折，自然平放

把領子後面以約1.5公分寬度折彎，領子的前面就這樣呈自然平放的狀態。

4

調整平衡感

一邊照鏡子，一邊讓領子平貼；將衣領往後拉，讓後頸的部分產生間隙，調整出不造作的感覺。如果像上方的NG圖一樣整個立起來的話，就會變得很老派。

試著把襯衫的釦子多打開一顆

穿襯衫或是襯衫式洋裝時，很多人都是只打開最上面那顆或是頂多到第2顆釦子，但是**如果覺得「看起來不太好看」，請大膽地再解開一顆試試看吧**。或許解開3顆釦子需要勇氣，但是可以輕鬆營造出隨性感，衣領的表情會變豐富，也會大大提升你的品味。

另外，打造出頸部的深V線條，也會產生小臉效果。如此一來，隱約露出鎖骨的話，整體的身材線條都能散發出奢華的印象。

至於胸部太大、上半身比較豐滿而擔心看起來顯胖的人，建議裡面加一件可外露的內搭背心。只要加一件內搭背心，會意外地看起來清爽簡潔，豐滿的上半身也會變得不這麼顯眼醒目。

內搭選擇平價品牌也沒關係，顏色推薦白色和黑色。

After

Before

釦子解開 3 顆的樣子

藉由肌膚面積的增加，臉周看起來會變明亮，因為領口形成了深Ｖ線條，所以會有小臉效果。這時露出來的衣服，推薦選擇如上圖的內搭，製造出一條筆直的橫線。

釦子解開 2 顆的樣子

雖然解開２顆已經足夠了，但如果照鏡子還是感覺有點沉重，就試著再解開1顆釦子試試看。

抓出腰線的
紮上衣技巧

腰部線條不明顯的人，
透過紮上衣打造出腰線、讓上衣變蓬鬆
就能展現出更好的腰臀曲線。
就連很難塞入下半身的上衣也推薦用這個技巧，
能夠創造出自然的皺褶。

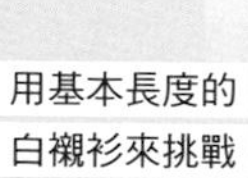

1

全部紮進下半身中

不要鬆鬆垮垮的，把襯衫的下襬全部紮進下半身中。

2

雙手向上舉高

從立正的姿勢變成把雙手舉高，如上圖。
這時，手肘記得要徹底伸直。

3

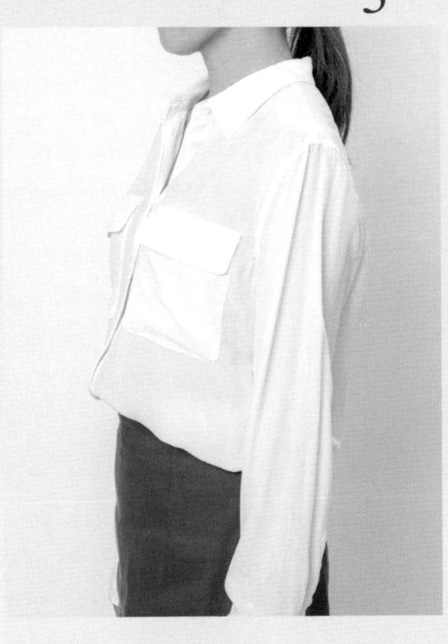

把手放下

慢慢把手放回原位，上衣的布料就會自然地跑出來。如果用這個方法，就能讓腰部周圍的布料平均鬆散開來。

4

調整平衡感

看著鏡子，確認是否有不自然的地方，如果有必要，再把上衣塞進去或拉出來，微調後即可完成。

收腰的位置可以打造出兩種形象

根據穿搭技巧的不同，衣服的輪廓看起來會完全不一樣。把腰部束起來的話，腰部曲線會看起來比較纖細；不束起來直接套著穿，可以透露出成熟的大人風。

不只是附腰帶的連身裙能夠運用這種穿搭技巧，寬寬鬆鬆的上衣也可以套用此原理。將寬鬆上衣紮進下半身、束起腰部，再把上衣製造出蓬鬆感，會跟把衣服拉出來呈現出完全不同的感覺。即使是同一件衣服，也能享受形象變化的樂趣。

這時，依照腰帶位置的不同，給人的印象就會不同。**位置高的話，會顯得甜美而有女人味；位置較低的話，就會變得率性而有看起來有現代感**。

順帶一提，我會按照想束腰的位置來更換腰帶的粗細。想束在下方的時候，推薦使用寬版腰帶。

下

收腰的位置在腰圍下方，營造出率性的印象

束腰的位置愈下面，給人感覺愈成熟。將收腰部位的布料拉出來一點、稍微弄蓬的話，整理長度會變短，給人的印象就完全不同。

上

收腰的位置在胸圍下方，營造出甜美的印象

利用在胸圍下方束腰的技巧，有拉長身體線條的效果。這樣會變得更女性化，給人甜美的印象。

將開襟外套當成披肩或罩衫來用

除了目前為止所介紹的衣服之外，還有一種難以駕馭的服裝款式，那就是「圓領開襟外套」。這件幾乎每個人的衣櫃都具備的單品，如果只是規規矩矩地穿上，總覺得太過保守，給人一種「好像太嚴肅」、「有點俗氣」的印象。如果你也有這樣的感覺，就試著不要把手穿過袖子，把它當作小外套披在身上看看吧！

另外，也很推薦把釦子扣上披在肩上，取代披肩來使用。不過於刻意、隨意地把袖子綁起來，斜斜地偏向一側，刻意製造出左右不對稱的感覺。將披肩掛在肩胛骨附近，背影就會很漂亮。男性化的外套或騎士風外套也可以使用同樣的方式，不把手穿進袖子，只當作外罩衫披在肩上，時髦感就會直線上升。**把袖子反折後再外罩的話，衣服的表情會更加生動**。

這個技巧也可以使用在下半身。當裙子或連身裙的長度半長不短的時候，可以和內搭褲、緊身褲或錐形褲搭配起來重疊穿，穿出罩衫風的感覺，就能漂亮變身。

OK

將袖子打結，
斜斜地披掛在肩上

當作外罩衫披掛的時候，絕對不要左右對稱，請調整一下打結的袖子長度和披掛在肩上的位置。

NG

就這樣直接穿上，
看起來就像穿著家居服

開襟外套不管是釦子扣起來穿，或是釦子不扣起來穿，都顯得太過臃腫，容易給人拘謹嚴肅的印象。

與其買新衣服，不如把錢花在美容院

雖然這是一本時尚穿搭書，不，正因為這是一本時尚穿搭書，所以有一件事情我一定要向各位強調——

穿搭力很重要，但髮型也很重要。

正確來說，包括「髮型」在內，都屬於「穿搭力」的範圍。

煩惱「衣服不適合我」、「穿起來不好看」的人，幾乎都是因為對於髮型太隨便了。

姑且先不論天生的長相，單純想用衣服來改造自己的外型，一定有其極限。

比起與生俱來的長相或體型，頭髮的光澤度和髮型，對時裝造型有更大的影響力。雖然我不能百分之百斷言對每個人來說都是如此，但是如果擁有亮麗的髮質、適合你的髮型，就算在素顏不上妝的日子，你看起來也會很漂亮。

在「總覺得今天氣色不太好」的日子，雖然可以藉由化妝補救，但是首先請先試著讓頭髮有光澤吧。尤其是年紀已達輕熟女的人，如果頂著一頭毛躁的亂髮，更會讓全身的造型大大扣分。

不管是對於時裝還是彩妝，跟隨潮流都只是附加品。例如，幾年前還很流行低腰牛仔褲或緊身牛仔褲，現在卻以高腰褲或寬褲為主流；彩妝也是一樣的情況，有時候是光澤肌受歡迎，有時候卻是粉霧肌受到注目，這些趨勢都是受到流行左右的。但是，唯有頭髮的光澤另當別論！不管在什麼時代，頭髮都一定要具有光澤感，這是永遠不變的定律。

另外，隨著年紀增長，有些人不管怎麼改變髮型，頭髮就是會亂翹。捲翹的頭髮就很難產生光澤感，建議可以嘗試看看使用離子夾，讓亂翹的頭髮變得整齊。

私人造型師的工作內容之一，是會陪伴客戶上街購物，有時我也會帶客戶前往美容院。只要髮型改變了，有的人適合的衣服會增加，穿同一件衣服也會變得更好看。

各位讀者，**如果覺得現有的衣服不夠好看的話，不要買新衣服，請試著把這筆錢拿去美容院試試看吧！**

去美容院之前，希望大家能先做一些功課。

看一下社群網站或雜誌，選幾個自己喜歡的穿搭造型。然後，請試著分析這些模特兒之間類似的髮型或髮型設計，一定可以找到共通點。

和髮型師討論看看，是否能夠模仿這個共通點。

所謂的共通點，是想讓自己看起來是這樣子的「理想形象」。在時裝造型的理論上，找出這個「想要打造的形象」非常重要。這個「理想形象」，即使體型不同、長相不同，只要改變髮型就能模仿出幾分。

相反的，即使覺得「這個穿搭造型很棒」、「我想跟他一樣穿上這件衣服」，但如果你不喜歡那個模特兒的髮型，或是那個髮型根本不適合你的話，那麼我建議你最好還是放棄購買這件衣服。

如果你真的不想改變髮型，那麼定期去美容院護髮或是做頭部SPA等頭髮養護，細心呵護髮質、讓頭髮看起來有光澤，也會有不錯的效果。

STYLE 2

每天早上不再為
挑選衣服而心累

雖然樸素但非常好用的「配角服」

在服裝造型上，所謂「好用的」單品，其實非常少。

但是，如果你希望「每天早上挑選衣服變簡單」、「不想做出失敗的穿搭」，我在每個講座上都會推薦一種單品。

那就是，**貫徹輔助功能的「配角服」**。

什麼是配角服？就是那種看起來很單調、沒有特徵、每個品牌都買得到的基本款單品。這種衣服和什麼衣服都好搭，最能幫上大忙。

那麼，什麼是「主角服」呢？設計講究、顏色和花紋都很特別的衣服，或是時下最流行的潮服，在店家櫥窗裡穿在假人模特兒上，讓你第一眼就直呼「好可愛！」、「好喜歡！」這種一見鍾情類型的衣服，請全部視為主角服來看待。

就像電視劇一樣，如果同一齣戲裡面同時出現兩個主角，視覺上很容易打架，為了避免造成這樣的狀況，需要具備一定的品味才能穿出時髦感。髮型、飾品以及鞋子等等，全身上下需要注意的地方太多，有哪個地方不協調的話，立刻就會變俗氣。

好不容易買了一件喜愛的「主角服」，在穿搭組合時卻要花上許多心力，在每天都趕著出門的早上，實在不是個好主意。

不過，因為很喜歡，無論如何就是很想把「主角服」穿出門。

這時，如果有適合的配角服來搭配主角服，主角會被襯托出來，穿搭就變得很簡單！

執行步驟如下：

①當天，選出最想穿的衣服當主角。

②從配角中選出搭配主角的衣服。

用這個順序，就能簡單省時地做出穿搭組合，而且看起來會很有品味。

常常當作配角服使用的優秀下半身單品，是錐形褲、寬褲、長版窄裙、窄管直筒牛仔褲（女友褲）等等。

上衣的話，則是船型領、圓領還有V領的針織衫或針織上衣、無領或衣領小一點的襯衫等等。

不管哪一種，都是UNIQLO每一季都會推出的超基本必備款。

每一款都是以素面無花紋為必備條件，或是即使有裝飾，也必須是不顯眼的簡單設計。

顏色建議選擇白色、黑色、深藍色、灰色、米色、灰褐色、軍綠色、炭灰色、深棕色等等。

優秀的配角服單品

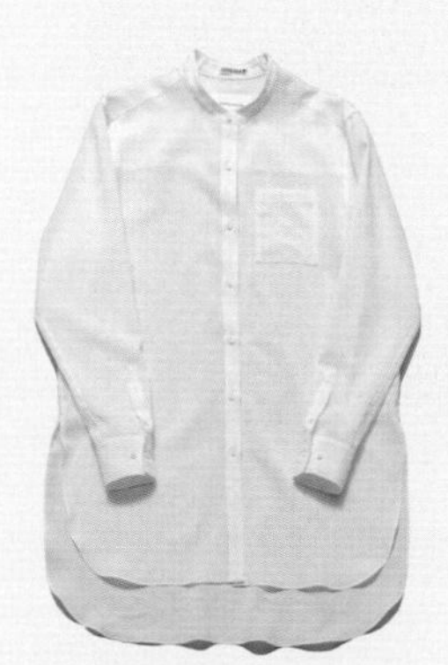

白色立領襯衫

白襯衫小小的領子很不錯。如果長度很長，不管是紮進或是蓋住下半身都可以，很好搭配。和針織上衣等重疊穿，露出一點點襯衫下襬，可做為穿搭上的重點（詳見第135頁）。

黑色圓領套衫

黑色和任何顏色都很好搭配。如果是和上圖一樣，選擇蝙蝠袖的寬鬆線條上衣，即使是黑色也不會給人太嚴肅的印象，還能營造出適度的女人味。

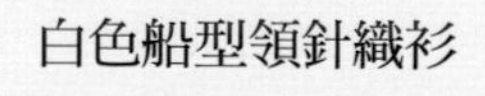

白色船型領針織衫

白色針織衫搭配上任何一種下半身或外套的顏色和版型都不奇怪，是穿搭時的最佳幫手。特別是船型領和什麼項鍊都很搭，自由度很高。

至於牛仔褲，盡量不要選擇有刷色或破損等加工設計過的簡約單品。

如果手邊沒有像這樣的樸素牛仔褲，用緊身褲、圓裙、不會太蓬的裙子替代也OK。

如果真的沒有任何單品可以拿來當作配角使用，那麼不妨試著添購白或黑或深藍色的錐形褲、白色的船型領針織衫，如何呢？

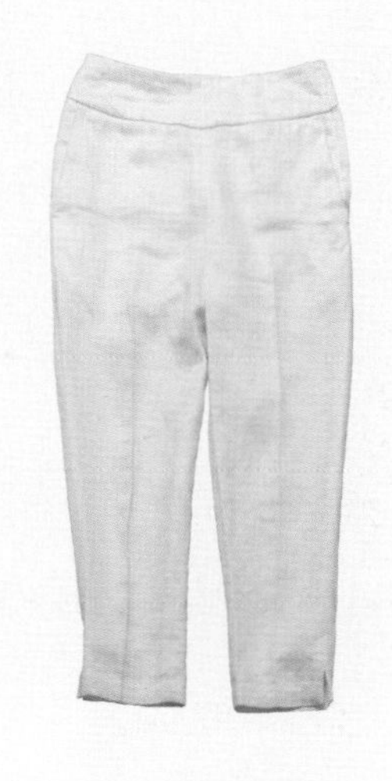

黑色寬褲

在掩飾體型方面的必備單品。若選擇聚酯纖維材質，一整年都能穿，而且動的時候會漂亮地搖擺，方便活動又充滿女人味。

白色錐形褲

錐形褲是不挑上衣或外套的萬能褲型。如果選擇白色，完全不必煩惱要搭配什麼顏色，可說是最強下半身單品。也許你曾以為白褲會給人夏天的印象，但冬天也務必試試。

軍綠色長版窄裙

不會過於合身的窄裙，因為能穿出筆直的線條，所以能打造出修長的身形，有顯瘦的效果。如果是成熟女性，絕對要選長版的。即使長度到腳踝也可以。

大部分穿搭失敗的人，都是用顏色來搭配服裝

人類的眼睛，比起形狀，辨識顏色的能力更好。同樣的理論也可套用在衣服上，比起設計，顏色顯得更為醒目搶眼。例如在一個人多的場合，我們會指著遠方的人說「那個穿著藍色衣服的人」，而不太會形容衣服的樣式，對吧？服裝給人的印象就是如此，第一眼最能吸引人目光的，是顏色而非設計。

換句話說，**造型會因為顏色的搭配，來決定給人好或壞的印象**。

因此，首先請先學習讓你瞬間變完美的「顏色法則」吧！

所謂的基本色，是白色、黑色、深藍色、灰色、米色、灰褐色、軍綠色、炭灰色、深棕色等等，以這些為基準的色調。

如果把牛仔丹寧的藍色也算進去，基本色大約有10色。是不是比想像中還少呢？

我把這些顏色稱為「Base Color（基本色）」。

基本色以外的顏色，本質都比較強烈，所以稱之為「重點色」。

我想先強調一點，不管是基本色還是重點色，都是以圖案的「最大面積顏色」來決定。例如，如果是白底配深藍條紋的上衣，就要視為「白色」。

那麼，基本色可分為以下3大類：

放鬆色：白色、米白色、象牙白、亞麻色（原木色）、冰灰色
中間色：灰色、米色、灰褐色、軍綠色、有刷色的牛仔丹寧
收縮色：黑色、深藍色、炭灰色、深棕色、沒有刷色的牛仔丹寧

所謂放鬆色，就如字面上的意思，是可以帶出放鬆感或明亮度的顏色。可以消除肌膚暗沉，或是避免看起來過於單調，所以能打造出年輕的印象。

中間色是容易讓顏色融和的顏色，給人柔和的印象，也可稱為「調和色」。

收縮色是有強烈收縮作用的顏色，多半具有顯瘦效果。

順道一提，銀色是灰色、金色是米色的金屬版。令人意外地，金銀兩色是屬於容易融合的顏色，所以也請將這兩個顏色當成「中間色」來使用。

接下來，終於要來解說關於顏色的穿搭法則了。

最簡單的方法是，從放鬆色、中間色、收縮色之中各選一個單品，把全身用三色以內來搭配。當然，即使全身只用兩色也沒關係。

例如，上衣用「放鬆色」的白色，下半身用「中間色」的軍綠色，鞋子和包包就用「收縮色」的黑色。或是上衣和下半身用放鬆色，配件就統一用收縮色。

如果使用相似的顏色，穿搭難度就會上升。例如黑色和深藍色搭配，就要想辦法讓造型看起來不會沉重，或是灰色和米色搭配，就要為了避免造型失去焦點而另外下工夫。

同樣的，使用重點色也需要技巧。

因為，身上如果出現太多顏色，整合穿搭的難度就會變得更高。

不想花費這樣的時間或精力，或是沒有自信能駕馭色彩的話，就不要自找麻煩，請遵循這個「3色法則」，就能輕鬆打理出好看的造型。

看到這裡，你是否會提出這樣的疑問：「這樣說的話，那是不是除了基本色以外的衣服都不能穿了呢？」

前面我有提到，雖然身為服裝造型師，我也曾經有一段對穿搭很迷惘的時期。明明就擁有很多漂亮的衣服，卻不知道該怎麼搭配。顏色和顏色之間相互干擾，彼此扯對方後腿。因此，就算是再漂亮的衣服，如果沒有好好計算顏色的平衡，穿起來一點都不好看。

這時，穿搭衣服就很花費時間。如果只是單純花時間倒也還好，但是費盡心力搭配的結果，往往還是看起來怪怪的，最後總是重新換上平常穿的衣服。

這個「平常穿的衣服」就是基本色。後來我發現這件事，乾脆把衣櫃裡的衣服全部換成素面的基本色，其他衣服全都處理掉了。

這樣一來，我每天都能輕鬆打理好造型，快速出門。

如果衣櫃裡只有基本色，選衣服就是如此簡單！

正因為我自己吃過這種苦頭，才能發現這個穿衣服最重要的大原則。

如果真的想穿重點色，就等有多餘的時間和力氣時，再試著去用心搭配吧。

沒有時間和力氣的日子，請好好善用基本色的衣服，了解放鬆色、中間色、收縮色的法則，輕鬆享受時尚的樂趣。

事先決定好「原型穿搭」

接下來的頁面，我會使用放鬆色、中間色、收縮色的法則，示範利用如何只用3款上衣、3款下半身，做出重複穿搭。

只要看圖就懂，如果上下都是基本色的「配角服」，不管是哪一件上衣搭配哪一件下半身，都絕對不會出錯！

如此一來，3件上衣×3件下半身，一共可以搭配出9組穿搭，只用6件單品就能換穿9天。如果再利用第一章裡介紹過的穿搭技巧，用「塞進下半身」或是「做出腰線、弄蓬上半身」來改變襯衫輪廓的話，最多甚至可以換穿12天！而且，這些造型完全不挑時間、地點、場合，不論是工作或是私底下都能穿。加上一件外套的話，一整年只用這些衣服來過日子也是有可能的。

這就是所謂的「原型穿搭」。

大家也可以用現有衣服裡和這些衣服相似的單品來練習看看，事先決定好自己的「原型穿搭」。

因為在「想要立刻決定今天穿什麼」、「什麼腦筋都不想動」的日子，也可以馬上決定好穿搭，所以可以讓自己一整年都很時髦。

在這裡加一件披肩，或是上衣換成重點色，或是把下半身換成抓皺裙，用包包來玩造型……一件一件逐漸替換或是添加，就能讓穿搭樣式無限擴展。

如果，你現在要添購基本款單品，只要上衣與下半身買齊相同的顏色即可。這樣一來，就能打造出上下同色的穿搭。這個穿搭法就是這麼簡單，而且因為能穿出高級感，所以在正式的場合也能穿。

也推薦先把簡約的包包和鞋子用相同顏色配成一套。當你想使用重點色，或是從「原型穿搭」來擴展出更豐富的穿搭樣式時，有時候全身要控制最多3色是很難的事。在這種時候，只要有同色配件的話，就會大大降低搭配難度。

只要顏色完全一樣，品牌不一樣也沒關係。即使是像皮革包×運動鞋這樣的混搭風格，只要色系一樣的話，也完全沒有問題。

9款原型穿搭範例

只要衣櫃裡找得到P52的「優秀配角服單品」，就能輕鬆搭配出零失敗穿搭。
總共可以組合出 9 款穿搭，每天輪流穿，早上出門前再也不用煩惱！
把這些穿搭當作「原型」，只要替換主角服，
或是添加一點顏色，穿搭就能無限延伸變化！

船型領針織衫 × 寬褲

窄版的針織衫和寬大的寬褲。利用像這樣的「窄×寬」來增加對比感，簡單就能穿出漂亮造型，是一個不容易失敗的穿搭，而且會讓身材看起來更好。

船型領針織衫 × 錐形褲

上下半身搭配成單一顏色的穿搭。白色的是最不容易失敗的配色，像這樣用相同顏色來搭配，即使是普通的針織衫，也會顯露出高級感，打造出高雅的印象。冬天這樣穿也很美。

船型領針織衫 × 窄裙

將窄版的針織衫紮進裙子裡，穿出合身感。因為是上半身1：下半身2的黃金比例，即使身高不高，腿看起來也會顯得修長，能夠修飾身材。

圓領毛衣
×
寬褲

上下都是黑色的高雅穿搭，即使在正式的場合也能穿。將上衣塞進下半身製造出皺摺和凹凸感，展現出衣服動態，可避免單色系給人呆板單調的印象。

圓領毛衣
×
錐形褲

雖然是黑＋白的超基本配色，但因為上衣寬鬆的緣故，看起來不會太過於保守。即使只是添加一點點穿搭上的小心思，也有足夠的效果。

圓領毛衣
×
窄裙

蝙蝠袖的寬鬆線條上衣搭配窄裙的「寬×窄」組合，打造出對比感所以看起來比例很好。這樣的造型不會太過甜美，帶有休閒感卻有一點點女人味。

立領襯衫
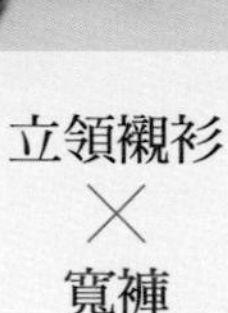
寬褲

上下都是寬鬆單品的組合，看起來很放鬆的假日服。但是，因為這個配色的對比感很強烈，即使在辦公室等儀容要求整齊的場合也不會顯得突兀。

立領襯衫 × 錐形褲

上下半身都是白色的組合，用超大件的襯衫穿出動態感。雖然是同一件襯衫，將襯衫拉出來會比塞進下半身時更為率性，能夠展現出帥氣的一面，不是嗎？

立領襯衫 × 窄裙

帶有休閒感的窄裙搭配上柔軟材質的寬鬆襯衫，只要將下襬塞進裙子裡，就能轉換成柔美風格。工作場合也很適合這個穿搭。

從衣櫃中找出可以晉升主角的「優秀配角服」

所謂的「原型穿搭」，意指全部都是用「配角級單品」搭配而成。事實上，成熟大人的造型穿搭，本來就該以這種「減法法則」為大前提才更為恰當。因為這樣的穿搭術不是「人去襯托衣服」，而是讓「衣服襯托你」，更能強調自己的存在感，因此能展現出優雅的氛圍，整體看起來雖然簡單，卻很出色。

不勉強使用「主角級單品」，就能讓穿搭失敗的機率大大降低。

從現在起，如果有添購新衣的機會，千萬不要追求潮流，不要輕易購入華麗的主角服，而是充實衣櫃裡的「配角級單品」。

這樣一來，新買的衣服能夠和現有衣服完美搭配，可活用的範圍也變得更廣。

那麼，你是否也想問，如果衣櫃裡幾乎已經備齊「配角級單品」的話，是否可以添購「主角級單品」呢？我的答案是NO。

我自己本身，如果沒有意外的話，最近幾乎已經完全不買衣服了。為什麼呢？因為現在的衣櫃已經能滿足我應付所有場合。

為什麼我可以自信滿滿地這麼說呢？那是因為我現在擁有的單品，幾乎都是「也能當主角的優秀配角」。

我買衣服的時候，不是「增加單品」，而是所謂「更新」的感覺。

把已經擁有的針織衫，換成品質更好的單品。從正統版型的針織上衣，升級為講究線條的設計。白襯衫的話，就試著找找有沒有更具有自我風格的質料或衣領形狀更好的款式。即使是相似的褲子，也換成能讓自己的身材看起來更好的褲子。

像這樣用「品質更好」或「有自我風格」、「掩飾體型」的觀點，在遇到超越現有單品的衣服時，才考慮要不要更新、要不要購買新衣服。

這就是既可以當主角，也可以當配角的理想衣服。

讓人覺得「明明全身都好像是很普通的衣服，卻總覺得好時髦」的人，都擁有很多這樣的「優秀配角服」。

只要擁有品質夠好的「優秀配角服」，就能輕鬆穿出自信時尚感

即使是基本色，版型或材質特別好的單品也能成為主角。例如上圖這件樸素的黑色寬鬆上衣，因為前後不對稱的設計，搭配上正式感強烈的褲子，看起來也不會太過單調。

全部用「優秀配角服」來打造原型穿搭的話，材質或線條的優點就會一覽無遺。這些「優秀配角服」除了能夠當作主角，在和色彩或設計強烈的主角級單品搭配時，也能完美擔任綠葉般的陪襯角色。

這些優秀配角服，並不局限於名牌力推的暢銷單品，也有可能是在店裡被掛在角落的，或是被折起來放在角落的品項。

這些服裝的共通指標，就是「基本色」。

不論是否為店家推薦的人氣產品，確實試穿之後，只要感覺「有畫面」、「身材看起來很好」的話，就是最適合你的商品。

正因為是這樣的王道配角，才是有投資價值的衣服。

或許是乍看之下看起來沒什麼了不起的設計、很無趣的衣服。但是，這樣的一件衣服，卻徹底計算過亞洲人的體型，就連版型或細節設計等看不到的地方都用極為用心。正因如此，布料擺動的方式、皺褶抓皺的方式、增添表情的方式，真的都很漂亮。特別是下半身，修飾體型的力道都會出現差異。

雖然也有相當昂貴的優秀配角服，但正因為是「基本款」，在打折季或是Outlet挖寶尋找最適合你的衣服，也是樂趣之一。

感覺太樸素了？不要增添顏色，要增加配件

只用基本色來組合穿搭的話，或許會覺得「好像太單調了」。這時，你可能會想要繫上彩色領巾、換上明亮的衣服……但是，請等一下！**請不要為你的穿搭增添顏色，而是使用搶眼的配件或飾品**。衣服要徹底簡單，用飾品來增加氣勢，這樣子的做法不但更簡單，也不容易失敗，還能打造出高雅的成熟穿搭。

特別是穿面積較大的上衣或連身裙時，用長項鍊或是大大的吊墜項鍊來填補空間，平衡感就會變好。如果是飾品以外的配件，肩背包的金屬鍊帶也有和項鍊相同的效果。

但是，襯衫或是襯衫式洋裝等等有釦子的衣服，本身就已經有足夠的重點了，如果再加上飾品的話反而太複雜，要特別注意。

OK

利用散佈各處的「主角級配件」來改變氛圍

用大大的項鍊把無限延展的大面積聚焦亮點，用豹紋包包增添穿搭的趣味性。配合鞋子的顏色，帽子也使用收縮色，就能收斂起長版毛衣的膨脹感。

NG

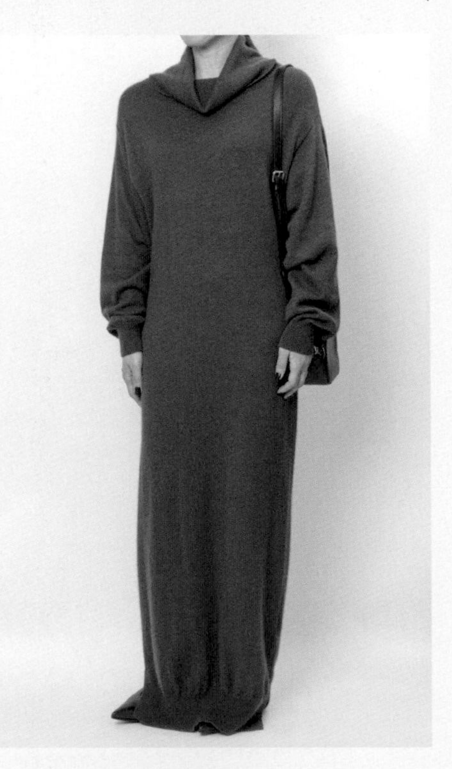

看起來有點隨便，總覺得還少了些什麼

全身只有單一顏色的話，容易給人呆板無趣的印象，衣服本身已經沒有表情了，還搭配上黑色包包，更給人沉重的印象。

請多多露出腳背

感覺全身的穿搭太過沉悶時，想要營造出清爽感，最簡單的方法就是穿上「包頭淑女鞋」，即使鞋跟很低也ＯＫ。

藉由適度露出腳背，就能有效拉長腿部線條，整體看起來更修長漂亮。

在包頭淑女鞋中，建議選腳趾頭差一點就露出來的淺口款式，特別是鞋尖是尖頭造型的鞋款最佳。

當你「無法決定該配哪雙鞋」、「覺得看起來不夠俐落」的時候，不要猶豫，就穿包頭淑女鞋吧！特地打扮的造型，絕不能因為挑錯鞋子而失敗，而且包頭淑女鞋和任何下半身都能夠搭配，這是最輕鬆快速的方法。

最好是選擇基本色、沒有裝飾的簡單形狀，最推薦麂皮材質，穿起來柔軟又具包覆性，不管什麼季節都很適合。

四季都應該要露出來的腳背

簡單的尖頭低跟包鞋是絕佳的搭配單品。即使衣服不夠簡潔，用這雙鞋就能簡單打造出隨性感。氣溫寒冷的日子裡，只要穿上膚色的絲襪就有禦寒效果。

以下半身和鞋子為一整套來思考

包頭淑女鞋雖然很優秀，但也有人覺得每天都穿包頭淑女鞋，好像有點無聊。如果是夏天，一定要嘗試看看萬能的涼鞋！涼鞋能夠打造整體穿搭的放鬆感，建議選擇基本色，推薦腳背的部分橫著一條釦帶的簡單款式。

那麼，夏天以外的季節該怎麼辦呢？以下我會詳細介紹各種下半身服飾各自適合搭配的最佳組合。

如果是寬褲或窄裙，搭配綁帶休閒鞋、運動鞋或靴子都可以；窄管直筒牛仔褲（女友褲）配運動鞋的話，請把褲管捲起來露出腳踝吧！因為鞋子會把腳背蓋住，更要藉由露出腳踝的肌膚來打造視覺上的平衡感。

最後是錐形褲。這種褲款不挑上衣，不管是誰穿看起來身材都會很好，是最萬用的下半身，但是搭配的鞋子除了包頭淑女鞋和涼鞋以外，其他都不適合。如果是冬天，穿上長靴也是OK的搭配法（在第109頁會有更詳細的說明）。

下半身和鞋子的最佳搭配

下半身和鞋子的相配度會決定穿搭的成敗。
好不容易打造出的完美穿搭，如果在玄關穿上鞋子後
就毀了整體造型就糟了！千萬要避免這樣的狀況。

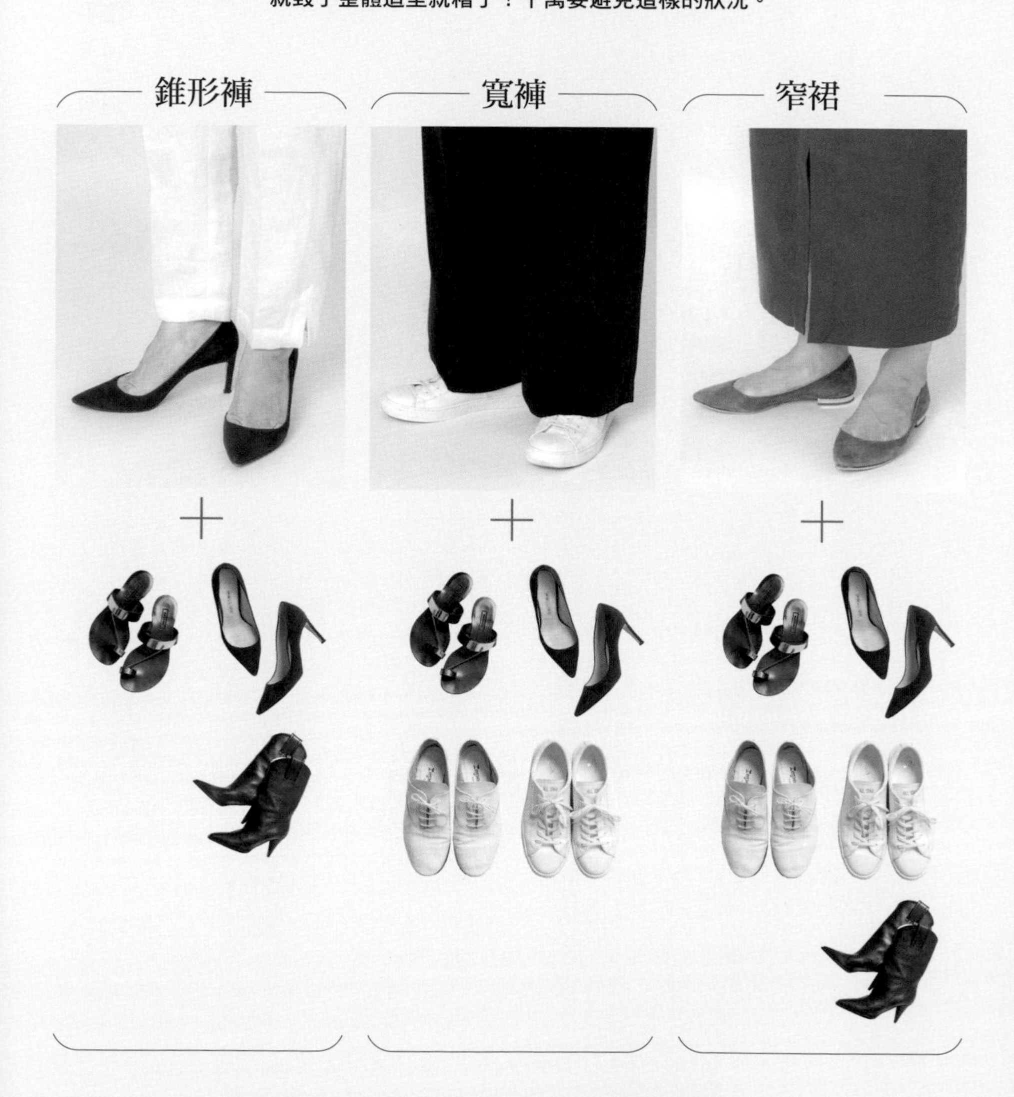

穿運動鞋搭對下半身，視覺顯高又時髦

最近可以在辦公室穿運動鞋的公司愈來愈多了，但是應該有不少人認為穿正裝搭配運動鞋，多少有點怪怪的。

穿運動鞋搭配寬褲時，如果下半身的長度太短，褲子和運動鞋之間會失去平衡，腳部讓人感覺太過厚重，腿看起來也很短。因此，如果穿寬褲時想要搭配運動鞋，**正確的做法是將褲子的褲管蓋住運動鞋，鞋帶的部分約蓋住一半，這是最理想的長度**。像下一頁的照片所示，褲管輕輕蓋住半個鞋面，後側蓋到鞋跟處，這樣就是合格的穿搭。即使是像New Balance一樣的厚底運動鞋，用同樣的方法蓋住鞋面，就能穿出成熟感。

順便一提，有鞋跟的包頭淑女鞋搭配寬褲時，從地面開始露出大約2～3公分左右的鞋跟，這樣的長度是最理想的。如果能事先把自己常穿的褲子長度和常穿的鞋子搭配好，日常穿搭就會變得更輕鬆！

OK

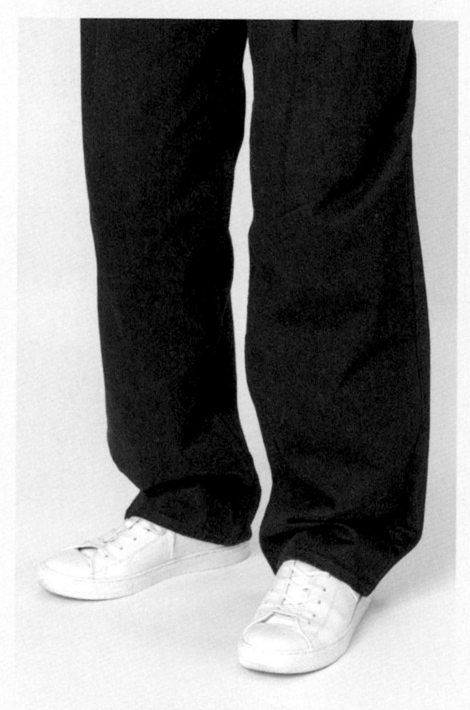

褲管前側蓋住運動鞋一部分，後側蓋到鞋跟處的長度最理想

蓋住運動鞋上半部的褲管，大約落在折出一道折痕的長度，不需要有模特兒身材，任誰都能穿出大長腿！因為出現動態感，看起來也會更俐落。

NG

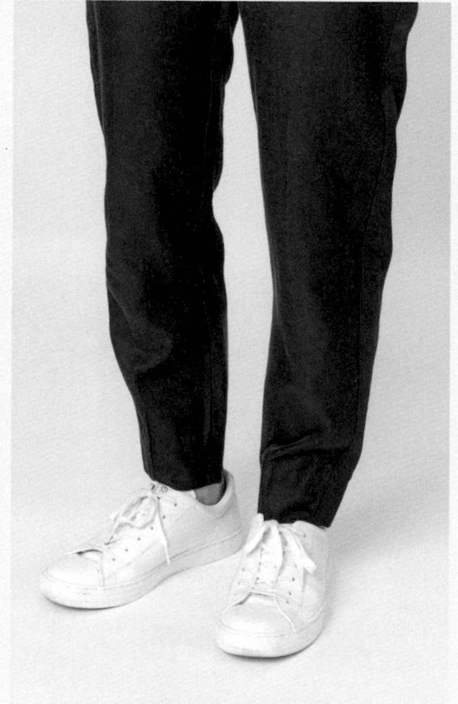

九分褲搭配運動鞋，只有模特兒身材才能駕馭

這是很挑體型的搭配方式。褲子的褲管和運動鞋在半長不短的地方連接在一起，給人非常俗氣的印象。雖然街上常看到許多人這樣穿，但模仿這個穿搭很危險。

穿風衣時，裡面的穿搭隨意就好

雖然風衣外套常被認為為基本款單品，但其實是百分之百的「主角級單品」。包括肩膀的肩帶、袖子的袖帶以及前側的釦子等等，全部都是超乎想像的搶眼設計，所以很難與其他服飾搭配，要做出完美穿搭非常困難。雖然春秋兩季在街上會看到很多穿著風衣外套的人，但是大部分都是讓人感覺NG的穿搭。一件好的風衣外套絕對不便宜，為了能夠穿出它的價值，請務必先學會穿搭的技巧。

首先，**要意識到「風衣外套是主角」這件事，為了襯托主角，只要其他的衣物都準備配角，穿搭就能統合**。搭配的單品，還是以基本色沒有裝飾的、極簡的衣物為主。在第1章雖然介紹過很多「為衣服增添表情」的技巧，在穿風衣時反倒而是用得愈少愈好。你可能會感到很意外——襯衫是和風衣外套超不搭的單品，請小心不要踩雷了！

NG

最容易失敗的穿搭是
衣領＋衣領＝打架

有衣領的襯衫搭配風衣外套，頸部是衣領＋衣領，全部撞在一起了。脖子周圍是襯衫或V領等線條撞在一起的話，穿搭難度就會提高，請謹記在心。

NG

風衣外套本身就是主角
愈努力穿搭就愈顯得雜亂

風衣最大特徵就是衣領，卻還圍上了披肩，完全失去特地選風衣當外套的意義。裡面的穿搭也顯得太過努力，打亂了全體的平衡感。

OK

試著把風衣外套當連身裙來穿

正因為是「一件就很漂亮」的主角級單品，所以把釦子扣起來，試著當連身裙來穿也很棒。內搭推薦如同上圖一樣的簡單上衣。

用全身同色的簡單穿搭來襯托風衣外套

裡面的穿搭隨意一點，愈簡單愈能讓風衣外套變得生動，整合出漂亮的造型。請選擇沒有色彩也沒有裝飾的單品吧！

早上愈是趕時間，愈不要增加衣服的顏色

不只是紅、藍、綠等的色彩三原色，還有像是很淡的粉紅色或薩克森藍（Sax Blue）這類流行粉嫩色，以及駝色這種常用色，總之除了第54頁提到的基本色以外，全部都被歸類為「重點色」。

說到這裡，我想「現有衣服幾乎都是重點色」的人，應該不少吧？

重點色並不是不好，只是穿搭難度比起全身都用基本色搭配還要高出許多，如果擁有的衣服大部分都是重點色，就要花很多時間精力去挑選衣服。

重點色的單品，全部都是主角。

不管是多基本的單品或多簡單的設計，只要是重點色，就只能當成主角。為了能用最少的心力做出不失敗穿搭，千萬不要用「重點色搭配重點色」。全身最多使用一項重點色的單品，其他都用基本色的配角來完成穿搭吧。

還有，請把重點色再細分成以下兩個種類來思考。

・主力色……淺色

・備用色……鮮明的原色

因為主力色比較常使用到，所以登場次數應該會比較多。

但是，還是有必須要注意的地方。首先，因為淺色是膨脹色，所以會顯胖；另外，淺色對成熟女性來說太過甜美，看起來會格格不入，也有人會因模糊膨脹的形象而顯老。因此，穿淺色系衣服時，請選擇顏色清爽的率性單品來取得平衡。

因為個人喜好而常買淺色服飾的人，現在開始要避免蓬蓬袖或抓皺、毛海之類的甜美設計或材質，只要選樸素的單品，和其他單品的搭配就會更加容易。

備用色的部分，建議使用在包包、鞋子、披肩等配件上，盡可能用小面積的點綴方式，這樣的穿搭技巧就可以看見效果。

用「窄×寬鬆」，為身體製造出細長的部分

穿搭除了衣服的配色、選擇鞋子和外套的搭配度之外，最容易失敗的是上衣和下半身的比例平衡。上衣和下半身的面積愈接近一比一，就愈難讓身材看起來很好。例如，寬鬆罩衫配寬褲的穿搭，基本上如果不是身材很好的模特兒，就很難穿得好看。

這種「寬鬆×寬鬆」的穿搭，雖然仔細計算比例之後再好好搭配的話，也可能會穿起來很漂亮，但是沒時間的時候，還是要儘可能避免才是上策。

最簡單有型的穿搭，就是「窄×寬鬆」的比例。例如，如果上衣是寬鬆的衣服，下半身就用錐形褲穿出細長感；下半身寬鬆的樣式，上衣就用線條修長的單品，或是把上衣塞進下半身製造出收縮感。如此增加對比感的話，就能瞬間穿出美麗造型。

有人會因為在意身材臃腫，故意選擇「寬鬆×寬鬆」的搭配，打算用上下都蓬蓬的衣

服來掩飾發福的情況，但是因為身材本身就具有分量，又刻意穿上寬鬆的衣服，身體的面積變得更大，反而看起來更胖。在意豐滿臃腫身材的人，一方面要聰明使用收縮色，另一方面要試著用「窄×寬鬆」搭配法。什麼是「寬鬆」的單品呢？選擇「讓身體像是在衣服裡游泳一樣」的寬鬆設計，這種程度的寬鬆感會給人成熟又柔和的氛圍，十分推薦。

另外，即使面積相同，也會因衣服某些細節的「粗、短」或「細、長」，而呈現出不同的樣貌。

為了讓身材看起來更好，祕訣是在身上某些部位製造出細長感，特別是打造出下半身的「細、長」是最理想的狀態。

蓬蓬又有分量感的及膝抓皺裙是「粗、短」的典型服飾，比起直向，橫向的比例更多，看起來圓滾滾的。如果是像模特兒一樣的身高，穿及膝抓皺裙就會很帥氣，但是對於我們一般人來說，身高不夠，腿看起來就很短。窄裙也是，要選擇比及膝長度再長一點的，至少要到小腿的裙長，才能營造出「細、長」的線條。

材質也很重要，比起有硬挺感的單品，柔軟的針織布或是聚酯纖維等等，這類有垂墜感的單品才能製造出「細長感」，有修飾身材的效果。

OK

改變上衣和下半身的面積，視覺上有拉長身體線條的效果

如果身高在165公分以下，穿寬鬆的上衣要搭配合身的褲子，穿合身的上衣則要搭配寬褲，如此一來才能改變面積比例，為身體製造出細長的部分。

NG

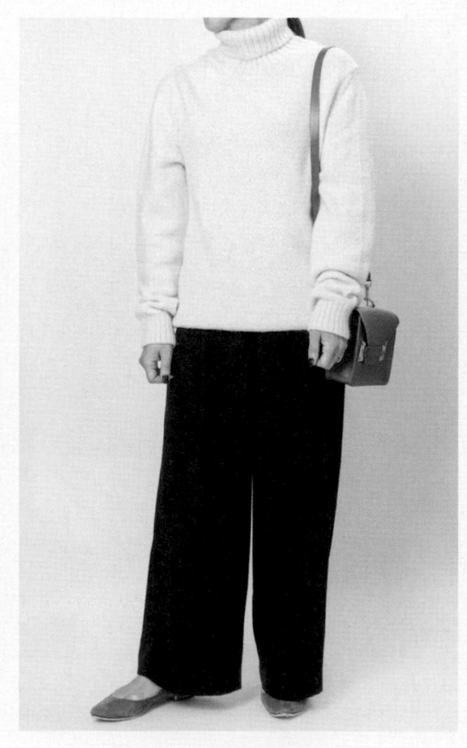

上半身和下半身的面積是1：1，外觀看起來就很臃腫

只要身高不夠高，上衣和下半身的面積變成1：1的話，就會給人不夠時尚的印象，看起來也顯胖。

STYLE

3

成功的穿搭是看起來
毫不費力，
卻顯得很高級

全身同一色系並不是一種時尚

在雜誌或網路媒體等等，有沒有看過「同色系穿搭」這個詞呢？同色系穿搭就是時尚、同色系穿搭耐看又有型……雜誌上的文案說得頭頭是道，因此有不少人對這個穿搭法則深信不疑而照單全收。

事實上，像是卡其色和卡其色的組合，以及棕色系、米色系、灰色系、白色穿搭等等，你覺得這些顏色都很安全，打算用同色系來搭配，但其實這些的顏色「色調」並不同，任意組合在一起，很容易變成失敗穿搭！

這裡要告訴大家一個關於色彩的專業話題。所謂的「顏色」，是有分「彩度」和「明度」的。

同樣是灰色，卻因為擁有不同的彩度和明度，可細分為「帶有藍色調的灰色」、「無彩色的灰色」等各式各樣的灰色；即使一樣是米色，「帶有黃色調的米色」和「帶有紅色調的米色」，也是完全不一樣的顏色。

看起來很相似的顏色，其實色調完全不同，把這些顏色組合在一起，這樣的搭配是很危險的。

那麼，要如何分辨「色調」呢？請試著想像一下，在兩個都被稱為「棕色」的顏色之中，在顏色較深的棕色裡加入白色顏料。

如果加了白色後，會變成和另一個淺棕色相同的顏色就沒問題。如果會變成另一個顏色，那這兩個「棕色」的色調就不同。

同色系穿搭要用相同色調的「深淺」來搭配，這才是正確的。這也稱為「漸層穿搭」，確實可以展現出時尚感與高價感。

其實，造型師在決定服裝搭配時，一直都是以「色調」來計算顏色的。

如果是色調相同的米色和駝色，那麼算成一個顏色就ＯＫ。

但是，如果色調不同，就不能算是同一個顏色。把帶有黃色調的棕色，和帶有紅色調的棕色放在一起的話，雖然都是棕色，但必須視為兩個顏色。

穿搭不失敗的大前提，是把全身的顏色控制在3色以內。

色調不同的話，全身可能就會多達4色、5色……不知不覺之間用了很多顏色，那就會給人視覺上不協調的印象。

在本書第56頁有提到，搭配服裝時，愈是使用顏色相似的衣服來搭配，穿搭難度就愈高，沒有比這個更困難的情況了。

與其在不知不覺之中挑戰高難度的搭配而失敗，不如輕鬆使用放鬆色、中間色、收縮色來組合穿搭，執行起來更輕鬆，也會讓你變得更美麗。

OK

使用「放鬆色＋中間色＋收縮色」的搭配，是平衡感良好、舒適清爽的穿搭

如果能將同色系穿搭完美整合的話，的確會非常出色，但是因為現有的上衣、下半身、配件的色調未必能打造出良好的平衡感，最好不要輕易嘗試。

原本想要做出同色系穿搭，但因為色調不同，變成不協調的穿搭

上半身是帶有紅色調的棕色，下半身是帶有黃色調、綠色調的棕色，因為色調不同，看起來非常老氣。

總是無意識地穿出「全身歐巴桑感」

史上最高難度的穿搭，就是使用相似色的衣服來搭配。

因此，從「放鬆色、中間色、收縮色」之中各選一個顏色，全身不超過3色，這就是最簡單的穿搭法則。

反過來說，如果單純使用「中間色」或「收縮色」，搭配同為各自群組中的相似色衣服，這是相當困難的技巧。

特別是把都是「中間色」的衣服放在一起，看起來會十分單調，不僅顯得老氣，看起來也很隨便。這樣穿，會讓人感覺「這件衣服被糟蹋了」、「這個人看起來好累」，通常都是犯了「全身都是中間色」的錯誤。

還記得什麼是「中間色」嗎?就是灰色、米色、灰褐色、軍綠色、有刷色的牛仔丹寧。這些中間色是每個人衣櫃常出現的顏色，所以大家習慣隨手拿來搭配。

例如，把灰色上衣搭配米色下半身，這就是經典的「歐巴桑組合」。不是華麗的顏色，又是非常安全的顏色，所以乍看之下似乎是零失敗的組合，但是因為衣服色調的關係，實際穿上身之後就顯得黯淡無光，是一個非常抱歉的穿搭。

搭配好衣服並穿上身之後，如果有「我這樣穿會不會很奇怪呀？」的疑慮，請試著用手機拍一張黑白照片，就能一目瞭然了。

變成黑白照片時，如果照片中看起來是一樣的顏色（相同深淺），基本上這個配色是不合格的。

如果顏色的深淺有強烈對比，即使是黑白照片也可以看出明顯的不同深淺，就是成功的配色。

OK

用黑白照片來看深淺不同的話，就是成功的「中間色配色」穿搭

如同右圖一樣深淺分明，難度高的中間色穿搭就成功了。懷疑自己的選色是否正確時，請用手機拍照，並加工成黑白照片，用這樣的方法確認看看即可。

NG

用黑白照片看起來深淺一樣的話，就是「歐巴桑組合」

如同右圖，用手機將穿搭設定成黑白照片來看，如果顏色看起來幾乎一樣，或是色調沒有深淺對比，很有可能就是讓人看起來很累的「歐巴桑穿搭」。

「主角X主角」的搭配，穿起來就是醜又廉價

很多人都以為雜誌上模特兒或網紅的穿搭，全部可以直接套用在我們的日常生活中，但這是大錯特錯的想法！媒體上經常可以看見「主角級單品」被大量使用的情況，像是「主角×主角」、「主角×主角×主角」這種組合，顏色或設計或圖案的搭配極其華麗又吸睛。不過，這些穿搭都是由專業造型師們精心搭配而成的，整體造型包括妝髮都經過一群專業人士設計，所以視覺平衡極佳。而且，他們不用顧及每天的換穿搭配等等，目標只是把這麼一張照片弄得很漂亮而已。但是，我們的日常生活並不是這樣運行的。現實生活裡，即使我們擁有的衣服不多，也希望能做出各式各樣適合自己的搭配。

所謂失敗的穿搭，常常都是單品之間相互干擾。正因為是主角級單品，更容易出現相互干擾的情況。

一組穿搭中主角有兩個的話，就會互相扯後腿。主角級單品大部分都屬於設計很講究

的服飾，通常是價格偏高的衣服。好不容易買了喜歡的主角服，卻又搭配上同樣是主角級的單品，很可能會造成衣服本身的魅力下降，看起來很廉價的情況。

即使是很懂時尚的人，一個穿搭組合之中，最多使用3個主角級單品就是極限了。為了讓主角級單品看起來更出色，必須使用「主角×配角」的技巧，來襯托出真正主角的特色。

再一次說明，所謂的「主角服」，包括「顏色」、「圖案」、「LOGO」、「設計」、「材質」其中任何一樣具有強烈特色的單品。除了基本色、完全沒有裝飾的設計以外，全部都屬於「主角服」。

特別是，像重點色搭配重點色（顏色），或是直條紋和格紋（圖案）、毛海和蕾絲（材質）這類搭配，把兩個相同種類的主角級單品放在一起的話，更會提高搭配的難度；另外，像是在一個單品之中，包含了顏色華麗、大大的LOGO、有特色的材質或圖案等等，擁有兩個以上主角要素的衣服，想要靈活運用的話，難度更是倍增。擁有此類單品的人，請掌握好「主角×配角」的基本組合法則，要更加用心搭配。

即使不依賴華麗的單品或最流行的衣服，仍然能夠做出「覺得這個人很會穿衣服」的搭配，這才是時尚的最高境界。

愈是趕時間的時候，愈是不要增加主角級單品

穿搭之中加了2個以上的主角級單品，為了調整視覺上的平衡，要耗費許多心力。因此，主角級單品請減少到1個吧！

LOGO（主角）×LOGO（主角）＝看起來廉價

穿搭之中使用了2個以上的LOGO單品或圖案，加上重點色的棕色平底鞋單品，穿搭難度就很高。主角要篩選到只剩下一個。

看起來很樸素，其實是主角級單品

以下這些常見單品，你覺得該歸類為主角級單品？還是配角級單品？

花紋、圓點、橫條或格紋、ＬＶ的經典老花圖案Monogram這一類辨識度高的單品；以及荷葉邊、蕾絲、薄紗、皮草、金蔥或漆皮等這類有光澤的單品。

這些圖案因為很常見，常常被誤解是配角級單品。其實這些圖案或材質都屬於搶眼的主角級單品，所以要特別注意！

還有一類衣服會被許多人忽略，那就是編織紋路很明顯的鏤空針織上衣或羅紋針織上衣，以及百褶、燈芯絨、抓皺等設計感強烈的單品。

即使顏色是基本色的單品，材質是設計性很強的衣服，都要被算成「圖案」。

在前面的內容中有提到，「同一種類的主角，組合在一起是很困難的」，但如果誤以為「圖案類型」的橫紋上衣是主角，「基本色」的百褶裙是配角，就認為如此搭配沒問題，會變成橫紋的橫向條紋×百褶的直向條紋，在無意識中做了失敗的雙重搭配。

不過，即使同樣是百褶或羅紋，如果是條紋很細的單品，看起來幾乎是單色系就沒問題。這必須按照「材質搶眼到什麼樣程度」來判斷，如果無法分辨的話，就自拍後設定成黑白照片確認一下，就能客觀地審視了。

配件方面，藤編包也屬於搶眼的設計，要歸類為主角級單品，因為編織的紋路也屬於一種圖案。因此，Bottega Veneta的經典編織皮革Intrecciato也要當作一種圖案來看待。

羽絨衣的菱格紋車線也是圖案。比起塞得滿滿、看起來很膨的羽絨衣，如果是表面凹凸感比較少，看起來比較平的款式，就比較不顯眼。像CHANEL的菱格紋包包，也要歸類為圖案。

破洞牛仔褲等，材質本身加工過的單品，也要當作圖案一樣來看待。因此，如果穿破洞牛仔褲搭配編織網眼很大的單色針織衫，原本應該是同為素色單品的搭配，視覺上看起來卻是「圖案×圖案」，就會給人眼花撩亂的印象，這些細節都需要特別注意。

OK

穿有圖案的衣服時，要搭配平面材質的單品

為了避免在無意識中搭配了「隱形」主角級單品，在穿有圖案的衣服時，請避免燈芯絨或毛海等材質感強烈的單品。

NG

橫紋上衣是橫向條紋，百褶裙是直向條紋

嚴格來說，圖案單品只有橫紋上衣而已，但是百褶裙因為布料特性的緣故，也算是直向條紋的圖案。為了避免在無意識之中變成「橫向條紋＋直向條紋」，要注意隱形的圖案！

OK

NG

羅紋很細的衣服，因為看起來像平面的材質，所以沒問題

圖中的上衣雖然是羅紋材質，但是如果是細到如此程度的羅紋，因為直向條紋不明顯，和裙子之間並不會產生干擾，成為很自然生動的穿搭。

即使是基本色，編織花樣明顯的衣服就要看作是圖案

針織上衣的編織花樣十分搶眼，或是毛海這類給人強烈印象的衣服，都屬於「隱形」主角級單品。這類單品會互相干擾，所以要特別注意。

令人意想不到的主角級單品

「這個也算是主角級單品啊!?」

還是有不少看起來很樸素的服裝，意外地也被歸類為「主角服」。

即使是基本色又是素面的襯衫，如果衣領很大，這就算是非常搶眼的設計，因為過大的領子會和外套的領子或飾品之間產生干擾。或是襯衫的布料是白色或是基本色，但釦子的部分是黑色，或是釦子的縫線是紅色，就會成為華麗的重點，這樣的衣服也會被算在主角之列。

其實，即使是拉鍊，也有看起來像是「圖案」的設計。包包也因為金屬釦或肩背的鍊帶、提把設計成雙色配色等，因為特殊機能而裝上的東西，都要當成裝飾來看。鉚釘等素材更是不用說了，運動鞋或綁帶休閒鞋的鞋帶設計很搶眼的話，也會變成主角。

看到這裡，或許你會覺得「這樣說來，幾乎所有東西都變成是主角了！」而感到厭煩，但是**注意細節，才是時尚的全部**。愈想要成為時尚的人，愈要注意服裝的細節。

隱藏版主角級單品

**即使是基本色，裝有拉鍊或釦子、繫繩、LOGO明顯的單品，
材質是燈芯絨、抓皺設計、毛海，編織紋路具特色的針織上衣，
這些衣服因為設計搶眼，即使顏色看起來樸素，都要算成主角級單品。**

騎士風外套的衣領、
釦子、拉鍊都具有設計感

燈芯絨外套的直向線條
很明顯

抓皺加工過的裙子，
顯眼的材質也要歸類
為圖案

即使不搶眼，但衣服
上有LOGO就是主角
級單品

針織上衣的編織紋路
要看作是圖案

內搭服的線條要筆直

幾乎每個女人都有幾件像小可愛一樣的內搭服，穿襯衫或V領上衣時隱約露出內搭，只要展現一點小小的面積，就能呈現完美的結果，讓氣色一下子就變明亮了。

但是，要懂得選擇適合的內搭，否則好不容易搭配好衣服，卻因為小小的搭配失誤，就會造成「穿搭很好看，但看起來有點怪」的情況。

例如，如果穿上V領的針織上衣、開襟外套或白襯衫，就不可搭配U領弧度的內搭。因為V領線條和U領線條會打架，給人亂七八糟、混在一起的印象。雖然特意把鎖骨露出來，目的是要打造清爽的感覺，卻因為領口的線條混雜，令視覺上的平衡變得十分奇怪。

因此，內搭服露出來的部分，愈是筆直看起就愈清爽。

頸部周圍的線條可以放在一起使用，就只有同為「圓領」的衣服而已。

雖然是很細微的地方，但是頸部的線條與整體印象息息相關，請務必要注意。

OK

NG

V領請搭配橫向一直線的內搭

為了避免鎖骨的線條複雜，露出來的部分請選「橫向一直線」的內搭服。雖然是很細微的部分，但是因為會給全身的穿搭很大的影響，所以要注意。

同時存在V領和U領，讓鎖骨線條互相干擾

內搭穿上U領背心，會和V領的開襟外套互相干擾，給人亂七八糟的印象。

外套愈長愈好用

還沒有穿上外套或大衣時，明明感覺今日的穿搭不錯，但「穿上外套後就覺得怪怪的」。你有沒有發生過這種情況呢？

春、秋、冬這三季，外套或大衣時常成為穿搭成敗的關鍵。

這個原因，主要在於長度。

如果穿上大衣後，視覺上的平衡感變差了，這都是外套的長度造成的。

不只是大衣，把長版開襟外套或襯衫式連身裙當作外套使用時，也要注意長度。

基本上，長度大約從臀部下方到膝蓋上方之間的外套，如果沒有如模特兒般的身材，一般人都難以駕馭。

大家最常購買的是及膝長度的大衣。但事實上，除了搭配錐形褲，穿上這個長度的外套時，也很難取得視覺上的平衡。

所以如果現有大衣是及膝長度，搭配起來最有型的下半身是錐形褲，或是有著類似線條的窄管直筒牛仔褲（女友褲）。

請記住，**如果一定要搭配裙子，裙子和外套下襬之間的差距要在上下10公分以內**。但即使已經有一個明確的準則，整體上來說，及膝大衣是一款很挑下半身的服飾，因此搭配上十分困難。

以外套和下半身的平衡做為大前提，外套的長度不管是及膝也好、到小腿肚也好，**下半身的「外套」和「外套以外」的面積比在9比1以下，是最理想的比例**。

雖然剛才提到「裙子和外套的下襬之間的差距要在上下10公分以內」，但是因為有蓬度的裙子還會橫向外擴，視覺面積會變大，所以從外套下面露出的裙長，建議要再短一點比較好。

寬褲也是一樣，控制在9比1以下是最理想的平衡。

綜合以上資訊之後，為了能完美搭配各種下半身，結論是外套愈長愈好用。搭配裙子時，如果外套的長度夠長，只要把扣子全部扣起來，下襬的差距就不會變得很明顯。不要說是9比1以下了，甚至是到10比1的比例也沒問題。

裙子或寬褲也是相同的情況。與其穿半長不短的外套，倒不如乾脆搭配短版的外套，身材看起來還比較好。尤其是搭配寬褲或是長版百褶裙這種有蓬度的下半身，最適合搭配短版外套。所謂短版，是指不會蓋到臀部的外套。如果是這種長度，因為上半身和下半身的比例會變成1比2，所以也有拉長腿部線條的效果。像短夾克、運動外套或西裝外套都屬於短版外套。

順道一提，外套和其他衣服不同，並不是每天都要替換著穿的衣服。正因如此，推薦購入和任何衣服都可以搭配的基本色單品。

因此，如果手邊的外套是重點色的話，裡面穿的衣服或配件請選基本色的簡約單品。

如果現在想要購入一件外套，提供以下的選購建議。有很多灰色等中間色上衣的人，推薦黑色或深藍色等收縮色外套；如果是黑色系下半身比較多的人，灰色或米色等中間色外套比較容易搭配。

OK

及膝長度大衣
×
錐形褲

及膝大衣最適合搭配錐形褲和窄管直筒牛仔褲（女友褲），搭配其他下半身可能都會帶來俗氣的印象。

NG

及膝長度大衣
×
寬褲

大衣和下半身的面積比是7：3，是視覺平衡很差的NG穿搭。面積比以9：1最為理想。

NG

及膝長度大衣
×
及踝長裙

裙子和大衣的下襬差距超過10公分以上的話，視覺平衡就會變差。如果想要搭配裙子，從大衣的下襬露出的裙長要控制在10公分以內。

OK

長版大衣
×
錐形褲

搭配錐形褲也完全沒問題。長版大衣和什麼下半身都很合，所以是最建議購入的款式，衣櫃裡只要有一件就很方便。

OK

長版大衣
×
寬褲

寬褲和長版大衣下方露出來的褲子的面積比是9：1，是十分理想的平衡。

OK

長版大衣
×
及踝長裙

如果是長版大衣，不只是及踝長裙，和任何長度的裙子都容易搭配。

搶眼的重點色，要在面積小的地方做點綴

在本書第79頁提到的「備用色」，因為放在重點色之中會看起來特別明顯，所以在身上出現的面積愈大，看起來就會愈奇怪。為了避免穿搭失敗，**重點色的比例，請控制在佔全身之中的1～2成左右為基準**。

因此，比起穿上帶有大面積搶眼色的上衣、下半身或包包，改用鞋子、小配件或飾品來點綴，更能完美發揮效果。

但是，如果鞋子和包包都選搶眼色的單品，就會變成「主角×主角」，反而產生「刻意搭配的感覺」，這麼做就不時髦了。既然已經用心做好搭配，還是先把其中一個換成基本色的簡約單品，才能穿出真正的時尚。

OK

加入重點色的時候，只在面積小的地方點綴

在面積大的地方使用重點色是難度很高的技巧。推薦使用耳環等小配件來點綴，執行起來簡單又具有效果。

NG

全身穿搭有 3 色以上容易看起來很廉價

上圖竟然用了紫色、炭灰色、駝色、金色共4個顏色，視覺上難以取得平衡，看起來雜亂又很俗氣。

用長靴讓下半身和鞋子的邊界線消失

短靴或踝靴，是意外好用的單品。

如果是「鞋子＋肌膚（褲襪或襪子）＋裙子下襬」這種搭配，視覺上會被橫向切斷成好幾截，腿看起來就很短。與其這樣，不如就用長靴直接連結起來吧。這麼做除了有拉長腿部線條的效果，還可以掩飾腿的形狀。

一般來說，錐形褲除了搭配包頭淑女鞋，和其他鞋款都很難搭配，但是如果穿靴子，可以將褲管塞進靴子裡，立刻就會變有型；穿寬褲的話，直接從上面蓋住靴子就好了。

說得極端一點，**我認為在涼鞋的季節結束之後，鞋子就應該要以長靴為基本，這麼說也不為過**。與其穿褲襪配高跟鞋，不如直接穿上長靴，看起來會更時尚。如果長靴正在鞋櫃裡冬眠著，請趕快讓它復活吧！

OK

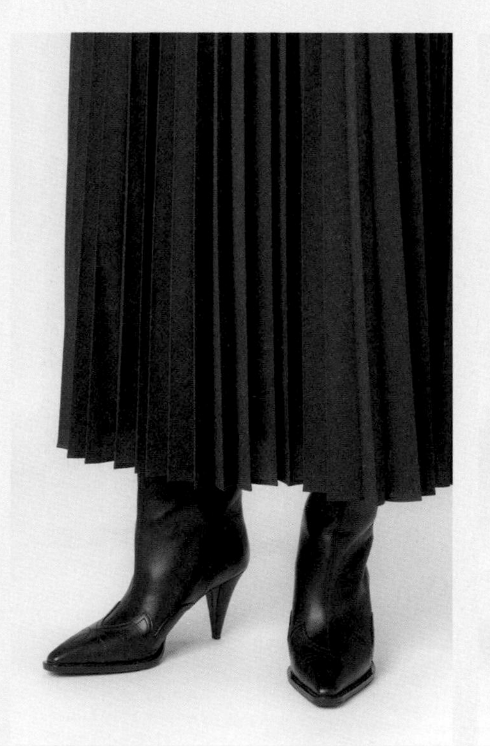

搭配長靴，製造出縱長線條

如果是秋冬季節，只要搭配長靴就能簡單製造出縱長線條，所以腿看起來會很長。

NG

覺上被橫向切成好幾斷，腿看起來很短

因為裙子下襬、褲襪（或肌膚）的顏色、鞋子的顏色被橫向切斷，身材比例看起來很差。

個子不高的人，千萬不要穿細跟鞋

因為身高不高，所以想要穿高跟鞋來拉長身材比例，這麼做的確有效果，但是要注意，「鞋跟」在全身穿搭之中，其實是非常引人注目的地方。

不管是包頭淑女鞋、涼鞋或是靴子，身高只有150公分左右的人，一旦穿上鞋跟8公分的鞋子，鞋跟就會成為最搶眼的部位，特別是細鞋跟的包頭淑女鞋。個子嬌小的人穿上細鞋跟的高跟鞋，身材整體的比例會變得很奇怪，給人一種「人被鞋子穿」的印象。**因此，針對身高160公分以下的人，最好選擇粗鞋跟的高跟鞋**。如果是粗跟鞋，即使有5～6公分的高度，也不會太過搶眼。

當然，個子不高的人穿平底鞋也完全沒問題。和身高沒有關係，平底的包頭淑女鞋有前衛流行的效果，流露出別具一格的高雅浪漫，不論高矮都很好搭配。尤其是穿長裙的時候，如果不知道該搭配哪一款鞋子才能取得整體的平衡時，最推薦選擇平底包頭鞋。

請小心有裝飾的包頭高跟鞋

明明就已經打造出完美的穿搭，看起來卻不時髦，搞不好是鞋子的緣故。

鞋子上裝飾著小小的蝴蝶結或是流蘇、鉚釘，像是理所當然般出現在鞋面上的釦環或彩色鞋帶，甚至是異材質設計的鞋跟。

諸如此類的小小要素，有時候其實是妨礙造型的絆腳石。

穿搭是一個集合體。愈是減少妨礙整體穿搭的要素，愈能輕鬆完成好看的造型。

但是，在店裡第一眼就吸引你的可愛鞋款，往往都是有這種「帶有裝飾」的單品。當你在搭配衣服的時候，這些裝飾就成為一種「障礙」。即使是超小的裝飾，不管是放在鞋子、包包或是衣服上，都很有可能會搞砸原本完美的穿搭。

如果真的想穿帶有裝飾的搶眼鞋款，身上的衣服或搭配的包包就要用極簡的單品。當你身上已經穿好風格強烈的衣服，或是已經手拿設計感十足的包包，就讓你喜歡的鞋子休息，換穿平凡的包頭淑女鞋吧。

STYLE

4

成熟大人要減少黑色，增加白色

在每週的後半，避免穿黑色的衣服

收縮色可以使物體看起來比較小，黑色更是收縮色的代表，穿上黑衣服不但有顯瘦效果，而且和各種顏色都很好搭配，可說是「對時尚不可或缺的顏色」。買衣服的時候，如果不確定該選什麼顏色，直接選擇黑色也是降低失敗機率的好方法。因此，衣櫃裡雖然有不少衣服，結果下半身、連身裙、針織上衣、開襟外套、背心上衣等全部都是黑色，這樣的人應該不少吧？

包括我自己，也擁有很多黑色單品，尤其在懶得思考怎麼穿搭的日子裡，常常都不假思索選擇了黑色。

身為一個穿搭造型顧問，時常接到喜愛黑色的客戶這樣的詢問：「隨著年紀增長，穿黑色看起來愈來愈老氣」、「穿黑色時，別人都問我今天是不是特別累」。也有人說「穿黑色看起來很兇」或是「像要去參加葬禮」。

的確，穿上黑色衣服的話，有時臉會變得暗沉，整體印象也容易變沉重。特別是穿著合身的正統上班族套裝，黑色會給人非常保守的印象，雖然看起來很正式，但也會伴隨著「老氣」、「好像很兇」的感覺。

即使如此，只要選對單品和使用正確的搭配方法，還是能夠避免這些情況！最簡單的方法，就是**讓黑色離臉遠一點**。

在下半身或是用鞋子和包包來帶入黑色，上衣選擇放鬆色的白色。這樣的搭配，就不會時常被問：「你累了嗎？」

另外，即使同樣是黑色衣服，也會因設計或材質的差異而給人不同的印象。

例如，寬鬆的黑色針織上衣，可創造柔和的氛圍；腰部束起來的設計或蓬蓬的袖子，能給人可愛的印象。不對稱設計等有個性的單品，可以變成前衛的裝扮。

即使原本的設計平淡無奇，只要選大一點的尺寸，刻意穿得寬寬鬆鬆的話，就能增添女人味。利用第1章介紹過的內容，用捲袖子、折褲管等技巧做出衣服的表情，可能是搖曳生姿的裙擺，或是讓上衣的下襬產生動感。如果是黑色的開襟外套，可以像本書第45頁所示範的一樣，披在肩上或是綁在腰間，也有同樣的效果。

在疲憊感逐漸累積的每週後半，請在穿搭技巧上多下一點工夫吧！

穿黑色衣服的時候，用口紅來增加顏色

不只是在穿黑色衣服的時候，在穿著灰色或軍綠色等中間色上衣的場合，臉色也會顯得暗沉。全身都是樸素色穿搭的話，照鏡子常會覺得「好像少了些什麼」。這種時候，**不要用衣服或配件來增加顏色，要在臉上增加顏色，才能大大提高時尚度**。

雖說要增加顏色，但未必要搭配華麗的妝容，請試著使用比平常再亮一個色號的口紅或腮紅就可以了。光是把口紅塗兩次，讓顯色度更好就有效果。用腮紅或口紅來增加暖色系，原本的暗沉感會消失，氣色也會變得更好，給人年輕的印象。口紅的輪廓沒有塗得很清楚也沒關係，帶著一點暈開的感覺最剛好。

在不需要正式妝容的假日，就算只用帶有一點紅色調的唇蜜帶出光澤感，也會與素顏大大不同。塗腮紅的時候，以鼻翼的兩側為中心，用大一點的刷子輕輕刷過，建議刷在比一般塗腮紅的地方再低一點的位置，而且要比平常再多刷一次。

AFTER

不要增加衣服的顏色，而是用彩妝來讓氣色變好

口紅換成比平常更亮一個色調的顏色，或是塗兩層，也可以刷上腮紅製造肌膚的血色，這麼做就可以讓暗沉感消失。

BEFORE

穿黑色衣服臉看起來暗沉的話

如果穿黑色或中間色的上衣，可能會讓氣色看起來很差，或是臉上的陰影很明顯，感覺一臉疲倦。

比較胖的身體部位，不要穿緊緊的黑色來遮掩

應該有不少人習慣「在覺得自己特別胖」的部位穿黑色，以為這樣就可以看起來瘦一點。但是這個想法，只對了一半。

因為是收縮色所以顯瘦，這個想法沒有錯；但另一方面，黑色也會強調身體的形狀或線條，結果讓O型腿、寬肩、大胸部、粗手臂、結實壯碩的下半身都變得一覽無遺。**自己特別在意的自卑身體線條，反而看起來特別搶眼**。

比起其他收縮色，黑色強調身體形狀的效果最為明顯。不想強調局部線條的時候，請務必穿「有一點點鬆」、「讓身體產生空隙」的尺寸。或者，也可以換成像深藍色或炭灰色的其他收縮色單品。

如果沒有「一點點鬆」的單品，例如褲襪，不滿意自己腿形的人，就要避免穿黑色褲襪，請選擇深藍色或炭灰色吧！

OK

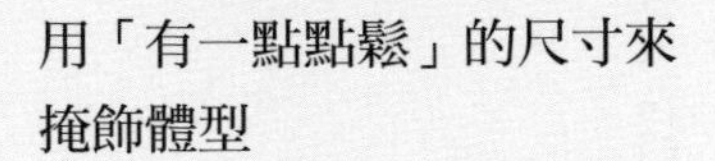

用「有一點點鬆」的尺寸來
掩飾體型

黑色雖然是收縮色，但對於有點自卑的部位，不要選緊緊貼合的尺寸比較好。

NG

形狀被黑色強調出來
肉肉感＆O型腿很明顯

緊身的黑色長褲讓腿的線條變得很明顯，看起來非常臃腫，本來想要遮掩腿型卻適得其反。

年過40之後，黑色高領是搭配難度很高的單品

在會「突顯出形狀」的這一點上，黑色高領是另一個要特別注意的單品。緊緊服貼、像是黏在脖子上的高領上衣，會強調臉部線條，讓臉看起來變很大。另外，隨著年齡增長，臉周的皮膚會逐漸鬆弛下垂，將頸部包得緊緊的黑色高領，會讓下垂的臉部線條變得很明顯。

如果要選高領，推薦領子帶有些微「寬鬆感」的單品，或是皺皺的鬆糕領。

除此之外，繫在脖子上的絲巾也要注意。不只是黑色，只要是「緊緊」綁在脖子上的布料，就會讓臉看起來變大。除非你完全具備「巴掌臉，脖子細又長」這三個條件，否則在脖子上緊緊圍起絲巾的裝扮是很危險的！如果想要使用絲巾，在脖子後面鬆鬆地打一個結，或是不要綁、讓絲巾自然垂下來，才是比較安全的做法。

OK

選擇頸部線條有寬鬆感的衣服

隨著年齡增加，高領請升級為和脖子之間留有「些許空隙」、「帶有寬鬆感」的單品。

NG

緊緊的高領會強調臉部的鬆弛下垂

愈是年屆成熟的女性，愈是會擔心臉部線條。過緊的黑色高領強調了臉部的鬆弛下垂，看起來顯老。

從臉部周圍開始減少黑色的面積

穿上黑色上衣，照鏡子時如果有「咦？好像有點怪」的感覺，請試著把頭髮綁起來。只是減少一點點黑色的面積，是不是看起來清爽多了呢？

把頭髮綁起來，在臉周創造了放鬆感之後，即使同樣穿著黑色的上衣，看起來就會比較有精神。

當別人問你「是不是很累？」的時候，從臉周開始減少黑色，是穿搭的一個小技巧。

不只是高領，任何有領子的襯衫或圓領T恤，都會把黑色反射到臉上，讓臉色看起來比較暗沉。感覺鏡子中的自己氣色不佳或是看起來疲倦的時候，不用換衣服，用一個髮圈就能解決問題。

另外，在本書第46頁曾經提到頭髮光澤度的話題，特別適用於穿黑色衣服的場合。穿黑色衣服會看起來單調或沒精神的原因，比起膚色或其他任何配件，髮質是最關鍵性的因素。請務必用護髮油好好保養，這比任何穿搭技巧都還要有效。

AFTER

增加膚色的面積，
讓臉色提亮一個色調

膚色面積愈增加，就愈有打亮的效果。年紀愈大，臉周要減少黑色的面積比較好。

BEFORE

頭髮的黑色也是造成暗沉的原因

穿黑色或灰色的上衣時，如果把頭髮放下來，就會呈現倦容。

用金飾來消除暗沉的臉色

大大的耳環、耳骨夾、項鍊等等，在臉部周圍加上閃閃發亮的飾品後，就會從黑色的樸素印象一變，徹底變華麗。

其實戴眼鏡也有這個效果。因為眼鏡的金屬框或眼鏡鍊也有閃閃發亮的元素，我自己特別愛用這個技巧，可以改善氣色不佳的問題。這個技巧不只適用於穿黑色上衣時，我也會在穿中間色的日子刻意戴上眼鏡。

如果覺得金飾不適合自己，請試試看其他奢華款式的飾品，或是選擇霧光金。

雖然戴銀飾也可以，但銀色是「灰色的金屬版」，不具有彩度，無法散發出如金飾般的華麗感。但是，如果是會動或是會搖晃的單品，多少有一點效果。等年紀稍長、可以接受金飾之後，再慢慢開始嘗試佩戴金飾也可以。

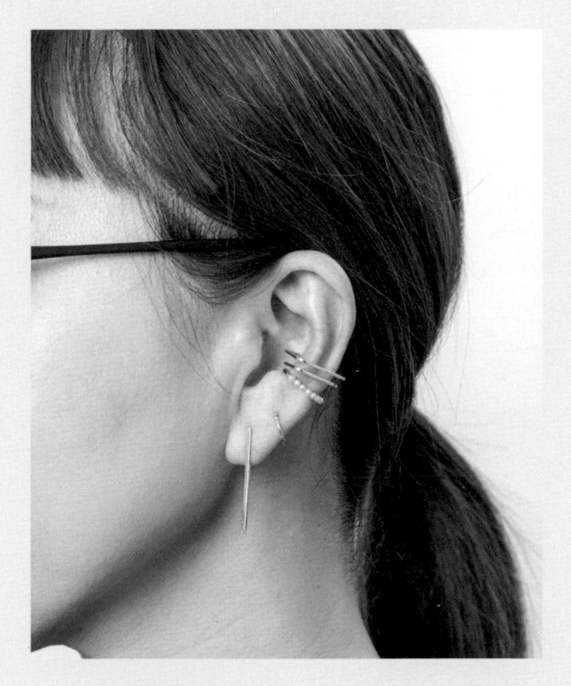

臉部周圍的亮晶晶飾品
比起銀飾，更推薦金飾

雖然同樣是飾品，對於消除成熟女性的臉部暗沉，金飾會比銀飾有效。請試著大膽配戴看看閃閃發亮的華麗耳環、耳骨夾或項鍊吧！

愈是時髦的人，愈懂得注意脖子上的線條

配戴飾品不只能消除肌膚暗沉，還可以彌補穿搭上的不足。但是，搭配飾品也有技巧，隨便亂戴的話，就會變成白忙一場。

尤其是和衣服直接重疊的項鍊，如果只是出門前無意識地隨便抓一條戴上，很可能會跟當天的衣服完全不搭，看起來很雜亂。

項鍊要選和上衣的領口線條不同形狀的款式，看起來才會協調。

如果是圓領上衣，就要用V字線條的吊墜項鍊或Y字型的長項鍊；如果是V領的衣服或是將釦子打開的襯衫，就要搭配圓形款式的項鍊或鎖骨鍊，也可以把吊墜項鍊的吊墜拆掉，只戴鍊子，看起來也會像圓形項鍊一樣。即使上衣的領口小，但如果項鍊與領口重疊，看起來就會顯得眼花撩亂，這種時候就要用款式不明顯的項鍊，吊墜項鍊的墜子請使用0.5公分以下的單品。至於船型領或套頭高領則沒有太大的限制，基本上戴什麼樣的項鍊

都ＯＫ。

戴項鍊時，同時要加戴穿洞式耳環、夾式耳環或耳骨夾的話，要一邊觀察和項鍊之間的平衡，一邊適度地用減法計算是否合適。

什麼是「減法計算」呢？例如，如果已經戴上很搶眼的項鍊，耳朵上的飾品就要選低調款。

相反的，耳朵上已經使用很有設計感的耳環，項鍊即使不戴也沒關係。

順帶一提，夾式耳環沒有必要兩隻耳朵都戴。像是耳骨夾這樣的飾品，只戴單邊的話，更具有前衛效果的辛辣感。

戴上項鍊或耳環之後，如果還想使用戒指、手鍊或手環等這些手部飾品，請選擇簡單低調的單品。已經配戴大大的手環的話，項鍊和耳環兩種擇一即可。

基本上，脖子、耳朵、手部都佩戴著飾品的時候，顏色最好要統一為金色或銀色，但是戒指例外。手上的戒指，可以將金色和銀色重疊配戴，盡情享受搭配的樂趣。

項鍊和不同上衣領口的搭配

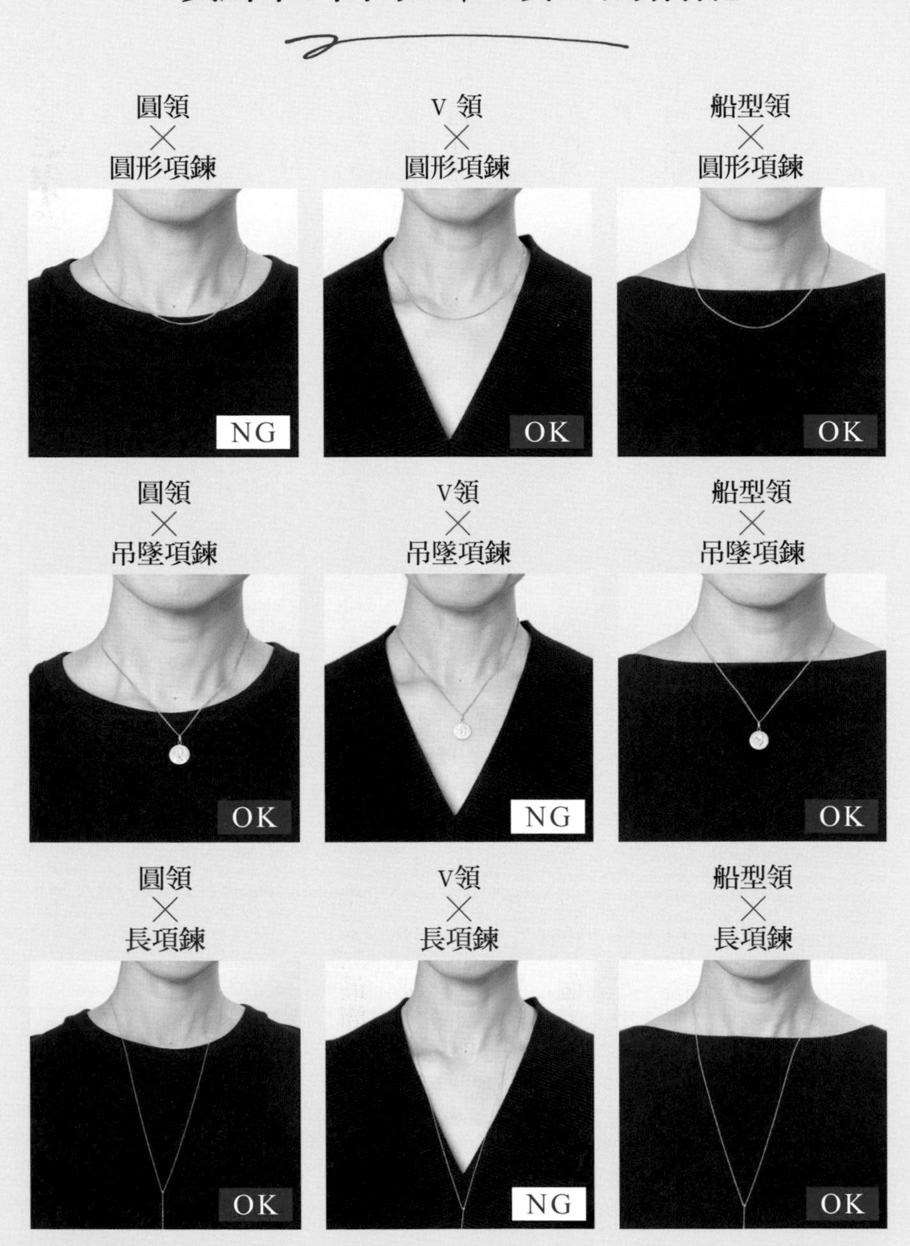

白色單品是穿搭的救世主

隨著年齡的增長，或是那一天看起來特別累的時候，讓氣色亮起來的最簡單方法，是從臉部周圍開始減少黑色。另一方面，建議積極地在穿搭之中增加白色的使用度。

當你穿上衣服，若覺得「好像有哪裡怪怪的，但就是說不上來哪裡怪！」的時候，請在穿搭的某一處加上白色，或是把某一件單品換成白色，此時全身的平衡就會變好。

總而言之，白色是萬能的顏色。白色和什麼顏色都好搭配，適合每一個人。白色的上衣具有「反光板」的效果，會讓暗沉的氣色變亮，可說是好處多多。身上如果含有白色衣服或白色配件，穿搭瞬間就會被整合好，就連其他顏色的單品的換穿範圍也會變廣。

也許有人會有這樣的疑慮：「白色不是膨脹色嗎？」但如果是亮度高的純白色就沒問題。因為光的效果，形狀會變柔和，可以讓身體的線條看起來更漂亮。

穿暗色系上衣時，在臉部周圍增加白色

穿黑色系、深灰色以及米色等中間色上衣的時候，有時候會讓氣色變差，這時請試著增加白色。在衣服裡面加上T恤、背心或細肩帶內搭等等，露出一點點純白色。**注意，此處內搭服的白色要選亮度高的，不要選象牙白這種白色，推薦選亮眼炫目的白色**。

例如，穿V領開襟外套時，胸前露出一點點內搭的白色。

例如，襯衫鈕子要比平常多打開一顆，或領口的拉鍊拉低一點，露出內搭服的白色。

例如，穿圓領針織上衣時露出一點點內搭的領口，大約1～1.5公分左右的白色。

只要這樣，臉部的暗沉就會戲劇性地消失。穿兩件圓領上衣時，注意不要太過整齊地疊在一起，所以請選擇領口大小稍微有一點落差的上衣，才能增加兩者之間的強弱對比，穿出漂亮的堆疊感。

OK

加上一件白色內搭，有反光板的效果

即使只有1公分，藉由露出一點點內搭服的白色，氣色就會變好。不過，若露出過多白色內搭的話，反而會變得很老土。

臉部周圍沒有白色來襯托

單穿一件灰色上衣，受到上衣顏色的影響，容易看起來氣色不好。

難度高的「調和色穿搭」，加入白色就煥然一新

只用中間色來搭配的微妙「調和色穿搭」，是十分具有挑戰性的穿搭技巧。因為只要稍微弄錯一點點就容易模糊失焦，變成樸素又顯老氣的穿搭。

想在穿搭之中用收縮色來強調簡約感，又想保留一點具有女人味的柔美氛圍……這種時候，很簡單，只要加入放鬆色之中的白色就可以了。放在中間色之間的白色，能夠維持柔美的氛圍，又能增加對比感。

請看左邊的頁面。右邊的照片總共用了4個中間色，這是最危險的組合。如果試著把上衣和鞋子都換成白色的話，成為左邊照片的配色，你覺得看起來如何呢？不覺得看起來年輕了10歲左右嗎？

另外，穿短版上衣的時候，露出內搭服約2～3公分的下襬，來切斷中間色也是一個穿搭技巧。因此，建議在衣櫃準備好幾件可以當內搭服的白色T恤或背心上衣，利用「露出一點點白色下襬」的小訣竅，就能跟現有的上衣做搭配。

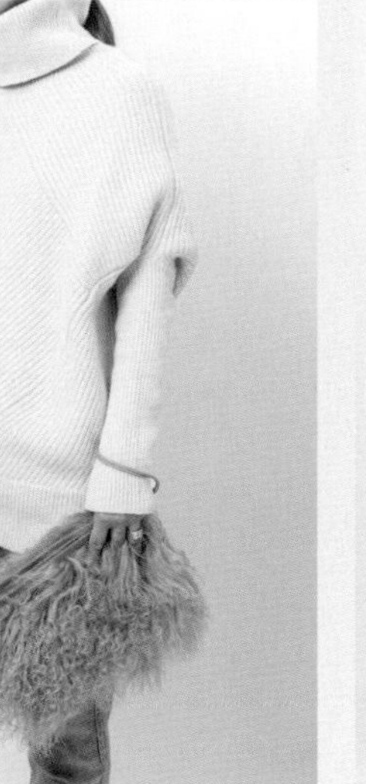

OK

想要給人柔美的印象，就加入一點點白色

成熟女性用中間色來組合穿搭時，只要在某處加入白色，就能從原本土氣的穿搭煥然一新。

NG

全身用了4個中間色搭配，整體穿搭模糊失焦

穿搭所使用的顏色全部都用中間色，整合起來變得土氣又顯老。

用一點點白色點綴，消除冗長又多餘的感覺

穿無袖的時候，有時候全身的比例會看起來過於細長，給人一種冗長又多餘的感覺。除了無袖上衣會有這個問題，個子高的人穿著顯瘦的衣服，或是上下半身都使用同一個顏色來組合時，因為過度強調細長感，反而會顯得平淡生硬。

這時，用一點點白色來做點綴，視覺上把身體橫向切斷的話，整體上的穿搭就會產生對比感，效果很好。

個子高的人，內搭一件下襬較長的白襯衫，露出的白色面積要稍微大一點，才能徹底切開成上下兩段。

但是，個子嬌小的人，請露出約2～3公分的程度即可。因為露出的白色面積過大會顯胖，腿看起來會變短，反而造成反效果。

個子嬌小的人

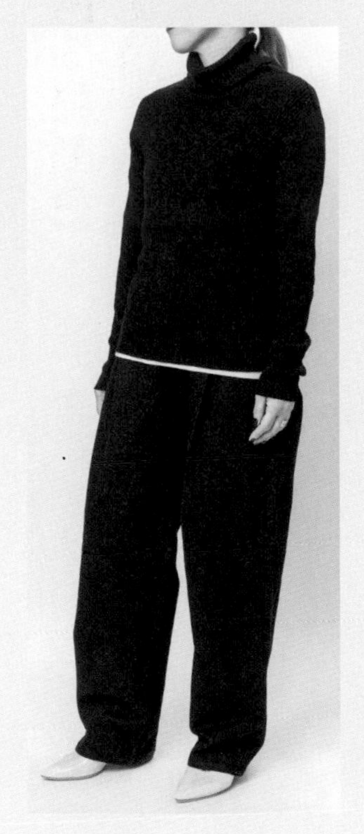

用小面積的白色來切斷

個子嬌小的人，因為切斷的面積太大，會讓視覺平衡變差，所以露出小範圍的白色即可。

個子高的人

用大片的白色來切斷

個子高的人，露出的白色面積要大一點，才能取得全身的平衡。

NG

黑×黑穿搭沒有對比，給人單調的印象

即使特地統一使用黑色，因為視覺上沒有對比，變得冗長而身材看起來不好。

如果全身超過3種顏色，一定要增加白色

全身控制在3色以內是穿搭的大前提，但是如果用現有衣物來組合的話，我想不少人在真正執行上都會遇到困難。

這個時候，請試著在某一處加上白色。

「3色＋白色」這個組合，即使總共用了4色，但藉由增加白色，卻能清爽俐落地整合全身的穿搭。

身上有使用重點色時，更要好好運用這個訣竅。

全身的穿搭組合之中，如果因為「主角級單品」過多而變得亂七八糟，或是整體穿搭看起來不太對勁時，也可以使用「白色單品」來拯救。

反過來說，如果全身上下沒有任何一處出現白色的話，即使全部都是使用基本色，只要把顏色控制在兩色，失敗率就會大大降低。

OK

加入白色營造清爽感

穿搭的顏色數量超過三色的時候，可以再加入的顏色就只有白色。

NG

黑＋棕＋炭灰色，全部用樸素色穿搭會顯老

顏色數量一多，看起來就會顯得亂七八糟，或是像上圖的穿搭一樣，給人沉重又有點俗氣的印象。

比想像中更好搭配的白色環保購物袋

你現在最常用什麼顏色的包包呢？黑色、駝色、米灰色……，大部分人所擁有的包包，大概都是這些基本必備色。要特別注意的是，包包也是穿搭的一部分，如果因為包包的顏色與衣服不搭，會讓整體印象變沉重，很有可能毀掉原本看起來有質感的穿搭。為了避免這種情況，我建議大家都能擁有一個能和任何穿搭搭配的白色包包。

「可是，白色很容易髒，所以從來不考慮買白色包包……」一定會有人立刻這樣想吧？那麼，如果是環保購物袋呢？不想花太多錢買白色包包的人，應該也能以便宜的價格輕鬆買到白色購物袋。

再怎樣高級的名牌包，如果顏色或設計感太強，就會成為穿搭的障礙物。如果買一個高價包反而讓穿搭難度變高，倒不如用簡約的環保購物袋來營造出隨性感，會讓你整體看起來更漂亮。當然，在東西多的時候，拿來當第二個隨行用的副包也很方便。

雖然米白色或象牙白色也可以，但還是最推薦純白色袋，因為它的搭配度最高。

OK

即使使用便宜的包包也沒關係
白色無疑是最佳配角

不必去買高單價的白色包包也沒關係，用環保購物袋就OK。最好不要選米白色的，要選純白色、LOGO不明顯的單品。

NG

因現有包包的顏色
讓穿搭看起來很過時

黑色的包包乍看之下百搭，在上圖中卻因此增加了穿搭的顏色數量，顏色搭配也顯得沉悶，一眼看上去讓人感覺很俗氣。

不知道如何搭配的時候，就穿白色的鞋子

包頭淑女鞋、綁帶休閒鞋、運動鞋……，看看鞋櫃裡的鞋子，你是否擁有純白色的單品呢？假如沒有的話，趕快去買一雙吧！絕對是一個有價值的投資。最推薦接近純白、沒有裝飾的簡單鞋款，而且最好不要帶有米色或灰色調。

如果只能購買一雙，包頭淑女鞋是最萬能的鞋款。

喜歡穿運動鞋的話，建議選購CONVERSE或愛迪達的史密斯系列，這類休閒鞋穿起來很漂亮，可運用的範圍很廣。除此之外，鞋子LOGO或線條的顏色要愈低調愈好。

即使是黑色運動鞋，如果鞋底是白色的，光是這樣就能產生隨性感。

但是，穿白色鞋子時要特別注意和襪子或褲襪的搭配，如果襪子太搶眼，腳部在整體造型上會顯得特別突出。因此，請搭配透明度高的絲襪、或是外表完全看不到的隱形襪。

簡單的純白色，是讓時尚感升級的最佳武器

白色雖然統稱為白色，但其實可以細分為很多種，如果對純白色感到抗拒，或是覺得白色看起來不夠甜美、暫時不想購入白色單品……這樣的人，可以選擇米白色、象牙白、亞麻色、冰灰色，還有十分接近白色的淺米色或灰褐色，把這些顏色當成替代白色的「放鬆色」。

搭配黑色或深藍等收縮色的時候，使用這些「放鬆色」，完全不會有問題。

但是，如果是搭配中間色的話，這些「偽白色」和中間色放起一起時，可能會變得怪怪的，或是因為重點色而讓整體失去平衡。

因為不是純白色、因為多了一點點的色調，就有膨脹的效果。

果然，結論是沒有任何顏色能勝過純白色。純白色的單品就是這麼好用，容易搭配、任何人都可以輕鬆上手。不要懷疑，把純白色當作穿搭的好幫手，盡情善加活用，就能不費力氣地讓時尚感升級。

STYLE

5

就算價格很便宜，
也能穿出時尚的方法

便宜但使用期限長的衣服挑選法

為了活用現有的衣服，有人會開始想添購衣櫃裡不足的品項，像是當作配角服很好用的基本色上衣、可以露出來一點點的內搭服、下半身以及包頭淑女鞋等等。

先把需要添購的單品列成清單，當你在逛街時遇到理想的單品，就能立即買下來。先鎖定好目標再來找，還有機會在折扣季或Outlet買到划算又高質感的東西。我所推薦的配角級單品，也許有人會覺得定價偏高，但實際上我自己所穿的衣服，常常都是在折扣季或Outlet買到的，其中大約有9成都是折扣品！

如果不先列好清單，在折扣季或逛Outlet的時候，因為價格太便宜了，就會變成這個也想買，那個也想買。過去的我也曾經如此，對於喜歡的東西毫不考慮就買下來，造成購入一堆「主角級單品」卻很難搭配的慘劇。正因為我有這種慘痛經驗，我想跟大家大聲說：「不管有多便宜，清單外的東西請不要買」。**需要購買回家的東西，就只有能完美襯**

托現有衣服的配角級單品。

如果是平價品牌，不要挑流行度高的單品，而是要選擇每一季都會出的「基本必備款」，才能讓物品的CP值發揮到最大。像是圓領的細網眼針織上衣，或是簡單的T恤等等，這些都是能徹底發揮配角功用的單品。

愈是素面無裝飾且基本色的單品，衣服的使用期限才會變得更長。

我們常見的快時尚品牌，相同型號的商品往往會推出多種顏色，白、黑、灰、粉紅、綠等等，眾多顏色琳瑯滿目。因為價格便宜，所以我們很容易把目光移到平常不會買的粉紅色或綠色，甚至想要「包色」購買。但事實上，這些繽紛的顏色無法當作配角，即使因為便宜而買下來，如果穿的次數很少，就結論而言就是浪費錢，希望大家要先把這件事謹記在心。

以最知名的平價品牌UNIQLO為例，最推薦購買的品項是「與知名設計師或大品牌聯名的商品」。這種聯名系列，即使一樣是棉質或羊毛，總有哪裡的剪裁比較漂亮，或是用料更有質感的感覺。藉由細心保養，使用期限還能變得更長。

UNIQLO要試穿S、M、L三種尺寸

UNIQLO有從XS到3XL等，尺寸分得很細。

要特別注意的是，即使是同一個品牌，服飾也會因為版型設計等因素，導致個別單品的尺寸不太一樣。舉例來說，有一次我在UNIQLO試穿，上衣拿S號剛剛好，褲子要穿M號，裙子竟然要穿到L號，適合的尺寸各自不同。但是，明明都是穿在我身上！

更進一步探討的話，我發現連每一季基本款單品的尺寸感都不同。例如，上一季的錐形褲我穿M就可以了，但這一季卻要穿S，常常發生諸如此類的狀況，但是我的體型卻完全沒有改變。

因此，即使已經有固定購買的尺寸，如果想要買到真正合身的服飾，千萬不要嫌麻煩，一定要反覆試穿，直到找到適合自己體型的那一件為止。便宜的東西，很容易衝動之下就買了，只看標籤上的資訊就直接拿去收銀台結帳，這麼做是很危險的。

正因為價錢便宜，所以試穿才顯得更重要。請不要偷懶，認真地挑選吧。

即使是一樣的衣服，依尺寸不同，外觀看起來也完全不同。

最好的情況是要試穿三個尺寸，最低限度也要試穿兩個尺寸。

大家都說「年齡只是數字」，其實「衣服的尺寸標示」也只是單純的符號而已。

常常有人會發現「去年還穿M號，怎麼今年就變成L號了」，但重要的並不是實際上的身材，而是這個尺寸的衣服穿在你身上好不好看，僅此而已。

不要在乎尺寸標示，請謹慎試穿並嚴選出適合你的衣服。

試穿時的步驟也有講究，請穿上鞋子、走出試衣間仔細端詳。不只是正面，就連側面、背面也要仔細確認。是否有肉肉的感覺呢？是否有達到「一點點鬆」的尺寸感呢？不想被看見的體型缺點有沒有被藏好呢？可以的話，請試著拍照下來。

平價品牌的優點是尺寸十分齊全，如果一口氣試穿好幾個尺寸，一定能找到讓自己的體型看起來最漂亮理想的那一件。

不想花錢，相對地就請花時間試穿！

這樣一來，一定能把錢花在真正值得的地方。

下半身要以臀圍的尺寸來挑選

錐形褲、寬褲、長版窄裙、窄管直筒牛仔褲（女友褲）——現在我在選購下半身單品的時候，基本上只找這四種款式。如果發現「似乎比現有的那件更好」的單品，就會花時間好好試穿。**下半身的挑選重點是臀部**，如果穿上之後覺得臀部很緊繃、內褲的線條形狀很明顯，或是有肉肉的感覺時，就要果斷放棄購買。身材很瘦的人，下半身很可能會出現臀部鬆垮垮的情形，會出現這種狀況，原因是配合腰圍來選下半身。**有些人在不知不覺中習慣配合自己的腰圍選擇下半身，結果是購入尺寸不合的單品，但請試著把焦點轉向自己下半身最大的部分（臀圍）**吧。

配合臀圍所選擇的尺寸，即使腰圍穿起來有點鬆而往下掉到低腰部位，看起來也不奇怪。即使不是剛剛好合身的尺寸，也是有辦法處理的。不過，如果是臀部過鬆或過緊就沒有挽回的餘地了，所以絕對不能妥協！

愈是便宜的衣服，保養愈不可馬虎

平價品牌雖然很方便，但老實講，品質和高價品的質料還是有一段差距，價格當然也不同。

同樣是棉質或是亞麻襯衫，如果是兩萬日幣左右的單品，就算不用熨斗燙過也會很平整，但是價格便宜的衣服，可能原本就很容易皺，或是不管怎麼努力燙平，看起來就是不夠服貼漂亮。

衣服如果皺皺的，在塞進下半身或是捲袖子的時候，就很難創造出好的表情。

成熟女性如果要把平價品穿出高質感，不要讓衣服看起來廉價，就必須做出相對應的努力。雖然有點麻煩，但是為了讓便宜的衣服看起來有高價感，保養是最重要的。如果喜歡在網路上購買，最好能詳細閱讀購買者的評論，也別忘了要確認一下材質。

100%聚酯纖維的衣服最方便

愈是便宜的衣服，保養愈是重要。儘管剛剛才說過這個道理，「但是我沒時間」、「我也想買貴的衣服，但我沒有這個預算」……一定有不少人有這樣的心聲吧？我自己也不擅長用熨斗燙衣服，所以很能了解這樣的心情。

若是這樣，建議你購買「聚酯纖維」材質的衣服。

如果是100%聚酯纖維，這樣的材質不容易變皺，而且非常容易維護，即使反覆水洗，布料也不容易褪色或起毛球。

更棒的是，聚酯纖維上衣有不錯的垂墜感，塞進下半身或束腰弄蓬，能夠產生動態感；如果是下半身，因為布料會往下墜，能夠產生直長的線條，讓腿看起來更長。覺得自己身材有點胖的人，也能達到顯瘦的效果。

另外，垂墜或下墜感可以增加質感，因此有人會誤以為是高價品。

其他推薦的單品，還有百褶裙或抓皺過的裙子，這種特殊加工過的皺摺裙，不需要用熨斗燙過就能直接穿。

裙子的話，建議成熟女性選擇長版，穿起來更有韻味。

如果覺得裙長太短的話，我會特意挑大2個尺寸左右，故意選長一點的尺寸。

關於輕鬆保養這一點，UNIQLO的「精紡美麗諾」系列相當優秀。「可使用洗衣機清洗的毛衣，輕鬆保養好簡單，衣服不易變形。」如同這個動人廣告詞一樣，這系列的毛衣非常容易維護，即使用家裡的洗衣機洗也不容易起毛球，當然也沒有熨燙的必要。

逛UNIQLO的時候，我還有一個獨家小訣竅，那就是去找找看是否有適合你的男裝單品。寬寬鬆鬆地穿著大一點的尺寸，不但看起來很俐落，色調也很棒。因為男裝有比較多穩重的顏色，放鬆色、中間色、收縮色的分布平均又齊全，即使不是針對女性設計的款式，也非常具有參考價值。

統一用同色系，看起來就有高級感

曾經有人向我諮詢：「想要穿出高質感，是不是要避免全身都用便宜貨？」我的回答是：「沒有這回事！」**如果擔心「看起來很廉價」，請上下統一用同色系試試看**。

穿搭基本上是「不要增加顏色的數量，看起來會比較漂亮」；除此之外，正式服裝最好要上下配成一套。如果上下使用相同的顏色，就會給人慎重的印象，看起來非常整齊端莊。「看起來整齊端莊＝高級感、高價位」，就是這個道理。

另外，因為顏色的數量愈是減少，整體比例就愈有拉長的效果，身材看起來會很好，可以說是一舉兩得。

這時還是最推薦基本的顏色。特別是深藍色，這是一個高級感十足的顏色。注意，上半身和下半身統一用「完全相同」的顏色是重點。為了避免像本書第87頁的例子一樣，變成「相似卻是不一樣」的顏色，如果是要購入新衣搭配現有衣物，請先穿著想搭配的衣服去商店裡，疊起來對比看看、或是試穿看看，審慎挑選後再購入。

平價單品用同色系穿搭，看起來就有高價感

UNIQLO上衣搭配現有窄裙的同色穿搭。在採用平價單品的時候，顏色的數量愈少，愈能打造出看起來高價位的穿搭。

用異素材混搭來增加穿搭的趣味性

樸素的單色穿搭，

上下半身明明統一用一樣的顏色，如果給人「穿搭樸素又無趣」、「看起來好像不太會打扮」的感覺，或許是因為搭配方法太過正式了。

這時，就用衣服本身的設計來增加穿搭的趣味性。例如，下半身穿簡單的錐形褲，上衣就選擇長版針織上衣，藉由混搭異材質來增加整體的動態。

也可以選擇不是很花俏的設計，但可以完全蓋住臀部這一類的寬鬆單品。只要這樣，就能讓單色穿搭產生一點豐富感，看起來不會這麼單調乏味。

材質也是設計的一環。下半身如果是很平凡的單品，那上衣就選編織花樣相對搶眼的針織上衣；假如上衣很平凡，那下半身可以試試看百褶設計的裙子。**即使是用同色單品，藉由不同材質的搭配，衣服的表情也會有所變化，產生特別的氛圍。**

穿同色穿搭的時候，鞋子或褲襪等某一處換其他顏色，也是質感穿搭的訣竅之一。

異素材的同色穿搭，
穿出平價品牌的高級感

UNIQLO的黑色針織罩衫搭配現有錐形褲的異素材穿搭。即使上下半身穿相同的顏色，只要改變材質，時尚感就會提升，不會給人廉價的感覺。

內搭褲要選比平常「大2個尺寸」才是正確答案

內搭褲或緊身褲這類產品，應該有不少人習慣在UNIQLO等平價品牌購買吧？大部分人購買內搭褲時的首選顏色都是黑色，但是如同我在本書第118頁提到過的，穿著緊緊貼身的黑色，會讓身體的形狀變明顯，對於有O型腿、X型腿或覺得自己腿太粗的人，腿型反而會被強調出來。即使是天生擁有漂亮美腿的人，如果過度突顯細腿，有時也會造成慘不忍睹的反效果。

有一個很簡單的解決方法，那就是選擇「大2號尺寸」的內搭褲。以我自己為例，我平常大多穿M號的衣服最為合身，但如果是內搭褲，我會選擇L或是XL。大2個尺寸的內搭褲，那樣不過緊的寬鬆度最為剛好。

比起布料緊緊貼合在腿上，如果能創造一些多餘的皺摺，像是布料多出來一樣，這樣才有顯瘦的效果。因為小腿周邊會變得寬鬆垂墜，如此一來就能幫助掩飾真正的腿型。

關鍵是要製造出多餘的垂墜感，因此在選購內搭褲時，推薦稍微厚一點的布料。

這件衣服，即使是三倍的價錢也會買嗎？

我常常跟人聊到以前的失敗購物經驗。去Outlet 購物中心的時候，因為價格便宜而一時手滑買太多，結果是造成衣櫃裡的主配角比例完全失衡。

對於隨手可得又方便的快時尚，雖然也非常感謝這些品牌的存在，但因為覺得價格便宜而輕易大量購入的話，就會像曾經的我一樣，終究只是在浪費錢罷了。

還有，即使很便宜，同一件單品買了兩色、三色，甚至把全部顏色都買齊，這就太離譜了。這麼做等於是在大量衣櫃裡增加難以搭配的顏色，只會讓穿搭難度變高而已。

如果是這樣，不如用三倍的價錢買一件品質好的單品，而且你會長期穿、常常穿的商品，這才是真正的經濟實惠。

正因如此，在快時尚的品牌商店裡或折扣季的時候，下手前一定要先問問自己：「即使是三倍的價格也會買嗎？」如果答案是「是」的話，再掏錢購買吧！

在UNIQLO請購買這樣的單品

前面的章節裡已經介紹過平價品牌的單品挑選法和注意事項，以下再複習一次，挑選重點如下：

①選擇基本色、無特殊設計的單品，不但容易搭配，也能穿得更久。

②上下穿同色的時候，在身上某處加上一點特殊設計的話，就會增加時尚感。

以這些重點為基礎來挑

在UNIQLO發現的優秀配角服

白色針織斗篷

有潮流感的秋冬斗篷。這種具有特殊性、很可能會退流行的單品，如果是以便宜的價格購入，就讓人比較願意挑戰看看。選擇基本色，就會成為意外百搭的單品。

黑色針織寬鬆款罩衫

前短後長的設計、刻意做成超大尺寸。穿上後會產生動感，因此容易製造表情，是一件當主角和配角都方便的單品。雖然是精紡美麗諾系列，但除了盛夏之外，其他季節都適穿。

白色圓領針織上衣

基本款上衣，跟任何下半身搭配都能輕鬆穿搭。雖然很方便，但通常第一眼不會有心動感，往往很難買下手。像這樣的樸素單品，不妨先以平價的價格購買一件試試看吧！除了夏天，其他三個季節都可以穿。

選UNIQLO的單品，試著去組合出適合自己的穿搭。

這裡我嚴選出3件上衣、3件下半身，總共搭配出9組穿搭，如此一來能夠換穿9天。

由於每一件都是「優秀配角服」，以這個穿搭為原型，再把上下的其中一件換成現有的衣服，穿搭組合就會變得更多元。**也就是說，盡量挑選各種場合都能使用的優秀配角服，就能更加活用衣櫃裡的私服**，請務必參考看看。

軍綠色寬褲

UNIQLO U的聯名系列單品。雖然很休閒，但因為材質有極佳的硬挺度，所以看起來有高價感，和運動鞋搭配也很漂亮。棉質的質料，所有季節都能穿。

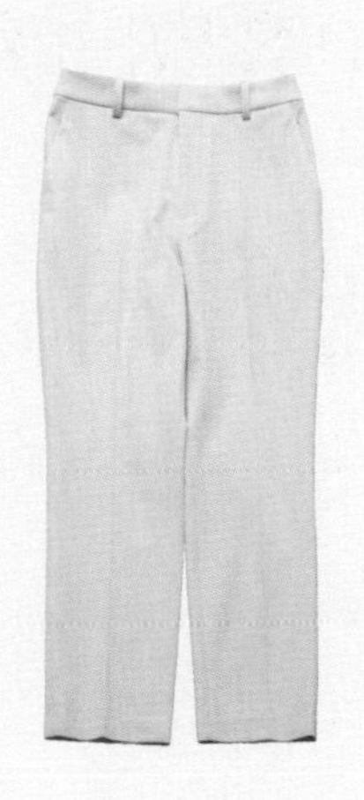

白色九分褲

如果衣櫃裡沒有白色下半身，建議也可以在UNIQLO購買一件。這款具有類似直筒褲的錐形輪廓，推薦選擇和白色針織上衣顏色相同的純白色。

炭灰色百褶裙

基本必備款，且是容易搭配的顏色。長版百褶裙具有蓬度與垂墜感，看起來才不會顯胖。百褶裙的褶子不會太明顯是優點，材質也比想像中輕薄。除了盛夏之外，其他季節都適穿的單品。

用「100% UNIQLO」打造高價位穿搭

圓領針織上衣
×
寬褲

因為是有蓬度且具有休閒感的寬褲，所以要把上衣塞進去，看起來比較輕巧。這樣子搭配起來，看起來漂亮又有整體感，即使在辦公室也不突兀。請搭配收縮色的鞋子和包包。

圓領針織上衣
×
九分褲

上下統一用同色，再套一件外套，就是俐落的工作造型。包包和鞋子也用相同色，看起來就非常清爽。駝色雖然屬於重點色，但如果是這個色調的話，成套使用也沒問題。

圓領針織上衣
×
百褶裙

合身的針織上衣搭配當主角服的蓬蓬百褶裙。冬天利用長靴來與裙子做出視覺上的連結，看起來漂亮又有高價感。這樣的造型在工作場合也很實穿，對吧？

針織罩衫
×
寬褲

上半身和下半身都寬寬鬆鬆的，鞋子也選擇綁帶休閒鞋，是9個穿搭中休閒度最高的組合，給人柔和自然的印象。雖然如此，因為都是使用基本色單品，所以感覺俐落又有成熟風。

針織罩衫
×
九分褲

超大件的罩衫配上窄褲，在視覺面積上營造對比感。用黑白穿搭而變得太過保守的時候，請用搶眼的配件來增加全身重點吧！

針織罩衫
×
百褶裙

雖然是「寬鬆×寬鬆」的隨性穿搭，但包包選用小一點的皮革，減少了寬鬆感。因為全身都是暗色，所以胸前要隱約露出一點白色，營造一點輕快感，才不會給人太沉重的印象。

用「100%UNIQLO」打造高價位穿搭

針織斗篷
╳
寬褲

這個穿搭的主角是鞋子，斗篷是配角。因為是基本色的斗篷，所以當主角或當配角都可以。整體上洋溢著男性化的氛圍，和右邊兩個穿搭完全不同！

針織斗篷
╳
九分褲

正式場合也適合的美麗風造型。全身用相同色的話，因為面積較大，形狀會很顯眼，所以特別搭配具有設計感的上衣，就能大大散發出高級感。用搶眼的包包來取代飾品。

針織斗篷
╳
百褶裙

雖然和上一頁同樣是寬寬鬆鬆的穿搭，但這個搭配具有柔和自然的女人味，就連閃閃發亮的配件也盡量不使用。因為裙襬不會太外擴，穿起來很穩重，整體平衡感也極佳。

STYLE

6

拒絕擁有「衣服很多，但沒有一件可穿」的衣櫃

衣櫃不是收納的場所，而是選擇的場所

每天早上，我搭配衣服所需要的時間，從打開衣櫃後，大約只要30秒左右。

如果問我為什麼能這麼快速地完成搭配？並不是因為我的職業是造型師，也不是因為已經習慣了，而是托衣櫃的陳列之福。

順道一提，我只有一個衣櫃，是一個130公分寬左右的普通款。和一般一個人生活的女性衣櫃尺寸沒什麼不同，能夠收納的衣服當然也不多。

之所以可以快速完成穿搭，是因為**我從來不把衣櫃當成是「收納衣服的場所」，而是當成「挑選衣服的場所」**，所以每天早上搭配起來都很輕鬆。

雖然我同時也是一位整理收納顧問，但我認為，比起擁有一個收納量很大的衣櫃，或是整理得井井有條的衣櫃，應該要以「容易挑選衣服」為最優先考量。

請試著想一想，衣服很好挑選、挑選時很開心的地點，是哪裡呢？

是服飾店吧？因此，從今天開始，請把自己的衣櫃當成是服飾店來看待。

既然是自己買下來的衣服，我想一定都是自己很喜歡的商品，而且是以開心的心情所挑選的東西。

只要試著利用在本章所介紹的小技巧，就能回想起當初在服飾店裡購入那件衣服的理由，或是喚醒購買時那個開心雀躍的心情。

沒有比自己的衣櫃更棒的精品店了！就連參加過我指導講座的學員也說，之前每天站在衣櫃前選衣服都很苦惱，「現在我在我的衣櫃面前，再次感受到逛街時的喜悅！」

更重要的是，你可以在最短的時間裡，輕鬆搭配出時髦的穿搭。反過來說，如果收納衣服的方式沒有做到這一點，每天光是選衣服就會傷透腦筋。

簡單來說，「快速挑選好衣服的衣櫃」，有這兩個共通點：

①衣服和衣服之間有適度的空間，絕不會塞得緊緊的。

②依照每一件衣服的顏色來整理。

閱讀完本章後，請檢視自己的衣櫃，試著整理成這樣的狀態吧！

愈是「不會讓人心動的樸素衣服」愈好用

為了不要讓衣櫃變成塞得緊緊的爆炸狀態，就要配合現有空間，減少衣服的數量。

稍微講點題外話，我也有舉辦針對以「整理收納」為主題的服裝講座。身為一個整理收納顧問，我的工作雖然是幫助顧客把東西分類為「要／不要」、「用／不用（穿／不穿）」的「整理收拾」，但是如果只留下顧客判斷「要」的衣服的話，大部分都會變成很難搭配衣服的衣櫃。

關於衣櫃的整理，如果以「保留讓人心動的衣服」為基準的話，這些衣服搭配起來，造型會變得非常可怕。

因為保留下來的衣物，很可能是「很貴的衣服」、「旅行時穿的有回憶的衣服」、「設計很講究而被人稱讚過的衣服」，諸如此類被深深掛在心上的「主角級單品」。

如果你是把本書從頭看到這裡的人，現在應該已經明白我的意思了吧？乍看之下完全不會心動的樸素衣服、簡單的配角級單品，才是能真正幫助穿搭的最佳幫手。

不過，如果不斷地把這樣的衣服丟掉，只剩下主角服的話，每天的造型穿搭就會變得愈來愈困難。特意留下來的那些「讓人心動的衣服」，穿在身上少了配角服的襯托，看起來一點也不漂亮。因此，你可能又會去買衣服↓增加衣服↓衣櫃變得滿滿的↓很難挑選↓不心動，變成這樣的惡性循環，造成金錢和勞力的浪費！

並不是衣服愈多，穿搭的範圍就愈廣。甚至可以說，是完全相反的。

在衣櫃中，品項愈增加，選擇的難度就會愈高。從5件衣服之中要挑出1件來穿是很簡單的，但是要從100件衣服之中來挑選，不就非常傷腦筋嗎？

我也是不斷經歷減少現有衣服數量的過程，穿搭技巧才逐漸變得熟練。這種經驗會反覆在每個人身上發生，所以要持續練習。

把對自己而言，最「適當」的單品篩選到少少的數量，這項工作是絕不能省略的，但是請避免只扔掉不讓人心動的樸素衣服，而是要打造出每天早上挑衣服都會很輕鬆的「完美衣櫃」。

扔掉會扯你後腿的衣服

把衣櫃整理好之後，你會發現那些顏色搶眼或設計感強烈的衣服，也就是只能成為「主角」的單品，往往不容易和其他單品搭配。

即使勉強穿上身，也無法讓自己變好看。因此日常生活中，幾乎沒有這些「主角服」登場的機會。像這種「被排擠」、「被孤立」的單品，在穿搭上總是會扯你後腿。

如果已經試過本書的搭配技巧去使用這些「主角服」，這些單品仍舊維持「被排擠」的狀態，請狠下心把這些衣服丟掉吧！

我知道你也曾經對這些衣服怦然心動，或許是因為價格很高、或許是具有紀念意義，因此讓人執念很深、很難放手，我也有相同的經驗，因此非常能感同身受。

但是，在接下來的人生裡，如果一直不處理掉這些衣服，同樣的穿搭問題會一而再、再而三地發生。

因為這些衣服難搭配的關係，穿搭總是看起來亂七八糟。每天都要想辦法去搭配，或是一定要再添購什麼東西才行。如此一來，穿搭造型的主軸就完全本末倒置，甚至連本來很好用的其他單品都變得很難搭配。

如果會造成這些煩惱，與其心疼已經花掉的數千、數萬元，倒不如從現在決心變身為更完美的自己。這樣一想，我在某個時間點就將這些衣服全部放手了。

想明白了，一切就變得非常簡單。話說回來，那些**雖然不穿，但怎麼樣也捨不得丟掉的衣服，比起當成時裝單品來看待，其實更像是「充滿回憶的物品」**。

把這樣的衣服放在衣櫃裡和其他衣服混在一起，確實會提高每日穿搭的難度。即使不願意丟，也把它從衣櫃拿出來，收藏在其他地方吧！

此外，覺得「等瘦下來就穿吧」的衣服也是一樣。如果對某件衣服有這樣的想法，那麼也請把這件衣服從衣櫃裡拿出來，像海報一樣掛在牆面上。（不過，這個做法只限於真的很喜歡的衣服。即使你瘦下來了，到時你也會想買新衣服，輪不到那件衣服出場。）

只留下對現在的自己有必要的衣服。只留下會讓今後的自己更漂亮的衣服。

對我們而言，這就是最理想的衣櫃。

理想的衣櫃是9成配角、1成主角

想要打造「快速挑選好衣服的衣櫃」（詳見第165頁），其中一個重點是「依照每一件衣服的顏色來整理」。更精確地說，是「整理成漸層」的狀態。

也許有一點難以想像，以下讓我詳細說明一下。

首先，**衣服基本上要「全部用衣架吊掛起來」**。不管之前習慣摺疊好收在抽屜裡的衣物，還是掛起來的衣物，現在開始，一律用衣架掛起來。

除了掛在衣架上好像會拉長變形的厚針織毛衣，或是占空間的羽絨衣、內衣、配件之外，我幾乎用衣架收納每一件衣服。不管是薄的針織上衣或是T恤，就連內搭上衣，我通通都會掛起來。

因為這樣做的話，在打開衣櫃的時候，自己所擁有的衣服，一眼就能全部看到，從來不會有「不記得我有這件衣服」的情況發生。

另外，在組合穿搭的時候，連同衣架把衣服一起拿出來，貼在身上比對一下，覺得「不是這件」的話，就放回原位即可，再拿起別件試試看。即使反覆做這個動作，也不會太費工夫。

這樣子，和拉開抽屜拿出衣服貼在身上比，覺得不是這件又再折好放回抽屜裡……將這兩種情況比較一下，感覺如何呢？光是想像，就覺得後者很麻煩吧？雖然只是小小的壓力，也有可能讓你對不OK的穿搭妥協。

重點是衣架的種類與形狀要統一，最好是使用一模一樣的衣架。衣架太雜亂的話，視線會被分散，很難把目光放在衣服上。另外，也有可能會因衣架大小的關係，而讓衣服被深埋在裡面。

雖然我最喜歡德國製的MAWA衣架，但是我在這裡要推薦價格更實惠的「宜得利」拱型衣架。這個衣架的銀色設計不會妨礙到衣服的顏色，拱型的設計不論掛上衣或下半身都不容易滑落，不用擔心衣物變形，也不會留下掛衣服的痕跡。

更棒的是，它很輕薄！跟普通衣架比起來，可以省下3成左右的空間，衣服和衣服之間會有適度的距離。光是製造出這個小小空間，就可減少拿取或放回衣服時的壓力。

它的耐重度也很棒，即使掛冬天厚重的羊毛大衣也沒問題。

但是，如果是尺寸偏大的男性外套，可能就不太適合使用此衣架。所以請按照衣服的尺寸，好好斟酌一下是否適合你。

以上，到這裡為止都還是準備階段，現在終於要進入「漸層收納」的步驟了。**上衣和下半身，各自從白色到黑色，漸層排列**。依照「放鬆色」→「中間色」→「收縮色」的群組來整理收納（詳見第55頁）。這樣就是完美的衣櫃了！

如此一來，「上衣是放鬆色的話，下半身就用收縮色」、「上衣是中間色的話，下半身就用放鬆色」，根據在第56頁所介紹的挑選衣服步驟，每天出門前就能瞬間完成穿搭。

另外，依照漸層色，每一件衣服都有「固定座位」。放回去的時候可以很容易找到衣服本來的位置，可以一直將衣櫃維持在完美的狀態。

「咦？那麼除了這些顏色以外的花色衣物，應該要放哪裡呢？」可能會有讀者提出這樣的疑問吧？

花色衣物要收到某一端集中放在一起，從白色到黑色的漸層分類好。

如果數量比較多，可按照色鉛筆的順序排列好，這樣找衣服時就很方便。

另外，如果衣櫃的空間不足，可以將花色衣物折好放入抽屜。

之所以會這麼做，是因為花色衣物都是只能當主角的衣服，通常只會一次選一件。首先，先把這個主角選好，再從漸層收納中選出要搭配這件衣服的配角。這樣做的話，就能有效率地搭配好穿搭，而且降低穿搭失敗的機率。

換句話說，就是這麼一回事——

只能當主角用的單品，維持在極少量即可。實際上，在我的衣櫃中，主角服的數量不到一成。

如果把「可以當主角又能當配角的單品」也當作配角來考量的話，那可以說在我的衣櫃裡，100％都是配角了。

把妝髮造型做好，然後把全部衣服試穿一次

「好，來去買配角級單品吧！」有這個想法的人，請稍等一下。

在去逛街購物之前，先把現有的衣服，全部試穿一次看看。這件事，包括我自己也經常在實踐。逐漸習慣了之後，或是沒有時間的時候，即使只是大略看一下整個衣櫃，也會與之前有所不同。

只有實際將衣服穿穿看，才能真正掌握這些衣服的特徵。

之後再去購物的話，就能快速選出最適合自己的單品。什麼樣的單品呢？那就是和衣櫃裡現有的衣服都好搭配，同時又能讓每一件衣服的魅力倍增的衣服。也就是說，不僅可以大大減少購物上的浪費，也可能會有「雖然這件衣服不常穿，但沒想到意外地好搭」、「這件衣服好像也可以這樣穿」等意想不到的發現。

如果沒有先檢視自己的衣櫃就直接上街購物，也有可能又買了許多和現有衣服很相似

的單品（承認吧！你很可能已經有這樣的經驗，畢竟每個人都有各自的購物癖好）。

或許你會覺得很麻煩，但請稍微花一點時間，務必在逛街購物之前先試穿過衣櫃裡的現有衣服。

在我的私人造型師講座課程裡，就是「把現有衣物全部穿上並拍照」這個步驟開始的。像這樣子，確實掌握自己衣櫃的內容，對於穿出時尚是很重要的大前提。

在把衣櫃裡的衣服全部拿出來試穿之前，還有一個很容易被遺忘的重點。那就是，先把平常外出時的妝髮造型做好，再來穿衣服吧！

以剛起床的髮型穿上這些衣服，那麼不管穿再漂亮的衣服，看起來都會不怎麼樣……你不這麼覺得嗎？因為妝髮沒有跟服裝搭配好，讓衣服本來的魅力消失的話，其實是很可惜的事。這樣一來，就很難判斷出真正不足的單品、應該要添購的單品是什麼。相信我，只要把髮型弄好，穿搭就會變得不一樣，所以請一定要試試看！

只在可以退貨的網路商店購物

「看中的商品不要馬上買下來。再想想有沒有更具有自我風格的單品呢？請不要忘了問問自己。」這段話，我不只會在講座上對大家說，也常常講給自己聽。

每個人一定都有衝動購買的物品，因此現在可以退換貨的網路商店不斷地增加中，真是令人開心的事。

在上一個單元我提到：「去逛街之前，先把現有的衣服全部穿一次吧！」，**現在有些網路商店，甚至已經進步到可以上傳現有衣服的照片，讓你一邊瀏覽網頁、一邊搭配衣服**。請好好善用這個系統吧！

在下訂單的時候，要同時下訂S和M，甚至是S和M和L等，務必一次多訂幾個尺寸。收到商品後，如果覺得穿起來讓「身材看起來不好」、「和現有的衣服很難搭配」，就立刻退貨。

無法判斷的時候，用手機拍起來仔細端詳，就能用更客觀的觀點來檢視自己唷！

不要增加衣服，先試著更換陳列擺放的方法

我在衣櫃下方空出來的空間，放了抽屜式的收納箱。

在這個抽屜裡，我放了無法用衣架收納的單品，和這個時期「絕對不會穿」的衣物。如果是盛夏，就放了厚的針織毛衣；如果是嚴冬，就放無袖的襯衫等等。

這幾年的季節變化愈來愈不明顯，春、夏、秋這三季能混穿的衣服不少，因此會放進抽屜的單品數量並不多，我每兩個月左右會檢查一遍這個抽屜裡的單品。如果到了當季，常穿的衣物就掛在衣架上，過季的衣服就收進抽屜裡，以這樣的方式輪替著。**也就是說，比起替換衣服，這樣小幅度地更換陳列位置比較輕鬆，也能讓衣櫃的空間和現有的衣服做最大限度的活用**。

抽屜的深度建議以20公分左右為最佳，這樣的深度不深不淺，裡面有什麼都能立即掌握，因此我最為推薦。衣櫃或許可以稍微買大一點的尺寸，唯有抽屜不能過大。

讓衣服使用期限變長的洗衣方法

藉由使用「衣架收納法」，也可以讓洗衣到收納的流程變得更輕鬆。洗好衣服之後，掛在拱型衣架上晾乾，乾了之後就這樣直接放進衣櫃。因為沒有折衣服的必要，不折就不會變皺，所以不太需要燙衣服。光是這樣，就能讓衣服品質劣化的速度變慢，好處非常多！

但是，黑色或深藍色等容易褪色的單品，洗衣服的時候，要把衣服反過來洗，然後在反過來的狀態下直接晾乾，所以洗好之後，還要重新翻回正面再掛進衣櫃，這道程序是絕不能省的。只要想著這麼做可以讓現有衣服的使用壽命更長，就不會覺得麻煩了。

為了延長衣服的使用壽命，洗衣袋也是必要的工具。我連平價的T恤也會放入洗衣袋中，在洗衣機設定「輕柔手洗」的行程來洗。只要這樣做，劣化的速度就會大大降低。洗衣袋我是使用在百元商店購買的、比普通洗衣袋還要再厚一點的款式。

我也試過很多種衣物清潔劑，推薦左下角所示的日本製「UYEKI DRYNING」浸泡式橘油乾洗液，這款清潔劑十分溫和、不傷衣物，頑固的污漬也能輕鬆洗淨，我個人十分推薦。即使洗標上註明需要手洗的衣服，我也是用這款洗衣精放入洗衣機洗。台灣的讀者可在日本亞馬遜網站或是在蝦皮購物購得。

在本書中我所示範的私人衣服，有許多都已經是10年前的衣服，但布料的損傷並不會很明顯，似乎再繼續穿下去也沒問題。因為是特別花時間和金錢去買的衣服，所以我在洗衣保養方面會特別花費心力，希望能保持心愛衣物的良好狀態，長長久久地穿下去。

EPILOGUE

結語

這個世界上，沒有「不適合」的衣服。

這是我一直以來的主張。一般來說，即使是做過現在很流行的「骨骼診斷」或「色彩診斷」測試，曾經被宣告「某個顏色不適合你」或是「你的骨骼不適合某件衣服」，我認為，只要這個人想穿這件衣服，就要讓這件衣服適合你，這就是專業造型師的工作。

透過穿搭技巧、搭配方法、體型修飾或髮型等等，達到外型上的整體平衡，我們的工作，就是必須做到讓一件衣服看起來「不只是單純穿上去而已」。

在這本書之中，我介紹了許多「多知道這一點將會大大不同」的穿衣祕訣。只要試著去好好執行，大家必定能再次挖掘出現有衣服的魅力。

然後，你給人的印象，就會因為穿衣方式而有所改變。

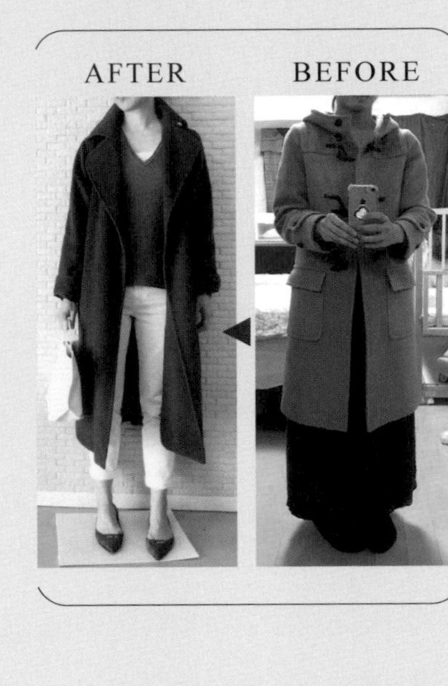

好的穿搭就是如此神奇。就算你沒有減肥，因為穿著打扮就可以讓身材看起來變好；即使長相沒有改變，外表看起來就是不一樣。

看著只花費一點點的心力，就能做出完美穿搭的講座學員們，我就愈來愈確信自己的想法沒有錯。

因為穿搭而大大改變印象的學員們在講座結束後，一一跟我說出自己的感想：

「我挑選衣服不再煩惱了！」

「每天的穿搭都變得很輕鬆！」

「衣櫃再也不會塞爆了！」

除了像前一頁的照片一樣，讓自己漸漸變漂亮之外，為每日穿搭所花費的時間、金錢、力氣也逐漸減少中。

這些一點一滴的變化，大家的感受都非常強烈。

衣服是每天都要穿的東西，這是理所當然的。

衣服應該是要能襯托出美麗的自己，或是能幫助心情變得愉快振奮的東西，但卻有人讓穿搭成為煩惱的根源，甚至累死自己。

發現這種情況後，我就想要寫這本書。

除非你是藝人或是網紅名人，否則沒有必要總是穿著光彩奪目的漂亮主角服，只要穿出最好看的自己就可以了。

就像每天都要燒菜煮飯一樣，你可以每天持續地、輕鬆愉快地，用現有的衣服做出好看的搭配，這才是真正的「穿搭力」。

由衷感謝各位購買本書。希望大家能以本書為契機，重新思考「穿搭」這件事，讓每一天都能過得更漂亮、更幸福。

作者　杉山律子

台灣廣廈國際出版集團
Taiwan Mansion International Group

國家圖書館出版品預行編目（CIP）資料

活用私服質感穿搭：專家教你找出衣櫃裡的「必備配角服」，
掌握「三色搭配法則」，用基本款就能穿出時尚！/ 杉山律子著;
胡汶廷翻譯. -- 初版. -- 新北市：瑞麗美人, 2023.02
面； 公分
ISBN 978-626-96742-1-3（平裝）
1.CST: 服裝 2.CST: 衣飾 3.CST: 時尚

423.2 111020477

瑞麗美人

活用私服質感穿搭

專家教你找出衣櫃裡的「必備配角服」，掌握「三色搭配法則」，用基本款就能穿出時尚！

作　　者／杉山律子
翻　　譯／胡汶廷

編輯中心編輯長／張秀環・編輯／周宜珊
封面設計／何偉凱・內頁排版／菩薩蠻數位文化有限公司
製版・印刷・裝訂／東豪・弼聖・明和

行企研發中心總監／陳冠蒨
媒體公關組／陳柔彣
綜合業務組／何欣穎

線上學習中心總監／陳冠蒨
產品企製組／顏佑婷

發 行 人／江媛珍
法律顧問／第一國際法律事務所 余淑杏律師・北辰著作權事務所 蕭雄淋律師
出　　版／瑞麗美人國際媒體
發　　行／蘋果屋出版社有限公司
地址：新北市235中和區中山路二段359巷7號2樓
電話：（886）2-2225-5777・傳真：（886）2-2225-8052

代理印務・全球總經銷／知遠文化事業有限公司
地址：新北市222深坑區北深路三段155巷25號5樓
電話：（886）2-2664-8800・傳真：（886）2-2664-8801
郵政劃撥／劃撥帳號：18836722
劃撥戶名：知遠文化事業有限公司（※單次購書金額未達1000元，請另付70元郵資。）

■出版日期：2023年02月
ISBN：978-626-96742-1-3